现代材料
测试与分析简明教程

XIANDAI CAILIAO CESHI YU FENXI
JIANMING JIAOCHENG

李勇峰　杜家熙　聂福全　主编

化学工业出版社
·北京·

内容简介

本书系统而深入浅出地阐述了材料测试分析方法的一般原理、材料硬度及表面形貌表征，讲解了材料耐磨性能测试与分析、材料防腐性能测试与分析、X射线衍射分析以及利用扫描电子显微镜进行样品微观结构观察和能谱分析技术，以帮助读者掌握相关现代材料测试方法的基本原理，熟悉各类相应仪器设备的操作过程，了解相关分析测试技术在机械工程及材料科学领域科研中的应用。

本书可作为高等学校机械工程专业学生或机械类、材料类、近机类学生开展材料测试与分析教育的教学用书，也可以作为近机类专业教师的教学参考书，还可供从事机械工程类相关工作的工程技术人员学习参考。

图书在版编目（CIP）数据

现代材料测试与分析简明教程/李勇峰，杜家熙，聂福全主编. —北京：化学工业出版社，2022.9（2024.6重印）
ISBN 978-7-122-41879-1

Ⅰ.①现… Ⅱ.①李… ②杜… ③聂… Ⅲ.①工程材料-测试技术-教材②工程材料-分析方法-教材 Ⅳ.①TB3

中国版本图书馆CIP数据核字（2022）第132911号

责任编辑：贾　娜　　文字编辑：袁　宁
责任校对：张茜越　　装帧设计：史利平

出版发行：化学工业出版社（北京市东城区青年湖南街13号　邮政编码100011）
印　　装：北京科印技术咨询服务有限公司数码印刷分部
710mm×1000mm　1/16　印张10　字数173千字　2024年6月北京第1版第3次印刷

购书咨询：010-64518888　　售后服务：010-64518899
网　　址：http://www.cip.com.cn
凡购买本书，如有缺损质量问题，本社销售中心负责调换。

定　　价：69.00元

前言

随着科学技术的迅猛发展，材料科学也在不断地往前发展。先进材料向着新、高、精、尖的方向发展，对材料的性能提出了越来越高的要求。材料性能与材料的组成和结构是密切相关的，人们要改进材料的性能，必须了解材料内部的组成和结构。

本书以满足读者提升现代材料测试与分析技能需要为目的，以够用、实用、简单易学、简练易懂为原则，弱化理论分析与推导过程，强化实验操作内容，系统而深入浅出地阐述了材料测试分析方法的一般原理、材料硬度评价方式及表面形貌表征方法，讲解了材料耐磨性能测试与分析、材料防腐性能测试与分析、X射线衍射分析以及利用扫描电镜进行样品微观结构观察和能谱分析技术，使读者能够掌握相关现代材料测试方法的基本原理，熟悉各类相应仪器设备的操作过程，了解相关分析测试技术在机械工程及材料科学领域科研中的应用，培养读者分析和解决问题的能力。

全书共6章。第1章主要介绍了材料测试分析方法的一般原理和主要分析方法的共性基础；第2章介绍材料的硬度及表面形貌表征；第3章介绍材料耐磨性能测试与分析；第4章介绍材料防腐性能测试与分析；第5章介绍X射线衍射分析；第6章介绍利用扫描电子显微镜进行样品微观结构观察及能谱分析。

每个章节通过一定的科研案例分析引出，以简练易懂的方式简明扼要地讲解所采用的仪器的基本原理和结构性能，并辅以可行的实验操作过程，再对测试结果进行相应的表征与分析，以培养读者应用相关设备进行测试与分析研究的能力。

本书由李勇峰、杜家熙、聂福全担任主编。具体编写分工如下：杜家熙编写第1章绪论，李勇峰编写第2章材料的硬度及表面形貌表征和第3章材料耐磨性能测试与分析，张亚奇编写第4章材料防腐性能测试与分析，徐晓厂编写第5章X射线衍射分析，赵红远编写第6章扫描电子显微镜分析，李勇峰、杜家熙负责全书的统稿工作。

本书可作为高等学校机械工程专业学生或机械类、材料类、近机类学生开展材料测试与分析教育的教学用书，也可以作为近机类专业教师的教学参考书，还可以供从事机械工程类相关工作的工程技术人员学习参考。本书涵盖内容丰富，实用性较强，读者可以根据需要有选择地进行阅读学习。

郑州大学刘德平教授针对本书提出了许多宝贵意见和建议，在此表示感谢！

本书在编写过程中得到了许多专家、同仁的大力支持和帮助，研究生冷昊远、刘孟宇、郑龙、孙彬、王乙鑫在本书编写前期也付出了很多，在此谨向他们表示衷心的感谢！本书得到了河南省研究生教育优质课程项目（HNYJS2018KC24）和河南省研究生教育改革与质量提升工程项目（YJS2022JC25）的资助，在此表示衷心的感谢！

本书编写过程中，笔者力求简单易懂、易教、易学，但鉴于本书涉及的知识面较广泛及学科交叉较多，加之编者水平所限，书中难免有不足之处，敬请广大读者批评指正，以便后期修正。

编　者

目　录

第1章

绪论

1.1 材料测试分析方法的一般原理

材料现代分析方法是关于材料成分、结构、微观形貌与缺陷等的现代分析、测试技术及其相关理论基础的科学。在材料科学领域，是研究材料组成、结构、生产过程、材料性能与使用性能以及它们之间关系的学科。因而，把材料组成与结构、合成与生产过程、材料性能以及使用性能称为材料科学与工程的四个基本要素。对于材料科学研究而言，这四个要素必须是整体的、缺一不可的，抓住了这四个要素，就抓住了材料科学研究的本质。材料的组成与结构从根本上决定了材料的性能，对材料的组成与结构进行精确表征是材料研究的基本要求，也是实现性能控制的前提。材料结构与性能表征的研究水平对新材料的研究、发展和应用具有重要的作用。因此材料结构与性能的表征在材料研究中占据了十分重要的地位。对于材料科学工作者而言，必须掌握先进的材料分析方法，才能更好地开展材料研究工作，提高材料研究水平。

材料结构与性能的表征包括了材料结构的表征与材料性能的表征。材料结构的表征可以分为三个层次：晶体结构分析、化学成分分析和微观结构分析。

① 晶体结构分析。判断材料是晶体、非晶体还是准晶体；材料是单相还是多相，各相之间的位向关系；材料的晶体类型是面心立方、体心立方还是密排六方等；材料点阵常数的变化等。

② 化学成分分析。基体与析出相的成分、元素种类和分布特征，晶界有无成

分偏析等。

③ 微观结构分析。包括晶粒大小，晶粒形态，有无第二相，第二相的大小、形态与分布情况；晶体缺陷，包括位错以及位错密度大小，层错以及层错面，孪晶以及孪晶面等。

用于材料分析的方法主要有衍射法、显微法、谱学法等。衍射法主要包括 X 射线衍射、电子衍射、中子衍射、射线衍射等；显微法主要包括光学显微、透射电子显微、扫描电子显微、扫描隧道显微、原子力显微、场离子显微等；谱学法主要有电子探针、俄歇电子能谱、光电子能谱、光谱等。不同的实验方法和仪器可以获得不同方面的结构和成分信息。

材料分析方法是通过对表征材料的物理性质或物理化学性质参数及其变化（称为测量信号或特征信息）的检测实现的。换而言之，材料分析的基本原理（或称技术基础）是指测量信号与材料成分、结构等的特征关系。采用各种不同的测量信号（相应地具有与材料的不同特征关系）形成了各种不同的材料分析方法。基于电磁辐射及运动粒子束与物质相互作用的各种性质建立的各种分析方法已成为材料现代分析方法的重要组成部分，大体可分为光谱分析、电子能谱分析、衍射分析与电子显微分析等四大类方法。此外，基于其他物理性质或电化学性质与材料的特征关系建立的色谱分析、质谱分析、电化学分析及热分析等方法也是材料现代分析的重要方法。尽管不同方法的分析原理（检测信号及其与材料的特征关系）不同，具体的检测操作过程和相应的检测分析仪器也不同，但各种方法的分析、检测过程均可大体分为信号发生、信号检测、信号处理及信号读出等几个步骤。相应的分析仪器则由信号发生器、检测器、信号处理器与读出装置等几部分组成。信号发生器使样品产生（原始）分析信号，检测器则将原始分析信号转换为更易于测量的信号（如光电管将光信号转换为电信号）并加以检测，被检测信号经信号处理器放大、运算、比较等流程后由读出装置转变为可被人读出的信号被记录或显示出来，依据检测信号与材料的特征关系，分析、处理读出信号，即可实现材料分析的目的。

材料性能的表征包括力学性能、物理性能、化学性能。材料的常规力学性能包括强度、弹性、塑性、韧性、硬度等；物理性能包括声学、光学、电学、磁学、热学性能等；化学性能是材料抵抗各种介质的能力，包括抗溶蚀性、耐腐蚀性、抗渗透性、抗氧化性等。对材料性能的研究是建立在实验基础上的，而所有在产品设计或材料选择的实践活动中，所需参考的性能数据都必须由实验测试得到。因此，材料性能的测试（包括测试原理、测试设备、测试方法等）也应是材料性能研究领域的一个重要方面。

1.2 主要分析方法的共性基础

① X 射线衍射仪（X-Ray Diffractometer，XRD）是利用高速运动的电子撞击靶材（靶材元素为 Cu、Cr、Co 等）产生具有一定波长的 X 射线，用此 X 射线照射到试样上时，试样晶体的晶面与 X 射线作用，当满足布拉格方程时，会产生特有的衍射现象。X 射线衍射仪主要用于试样晶体结构分析、织构分析、残余应力分析等。然而由于它不是像显微镜那样可以进行直观的观察，因此无法与形貌观察与晶体结构分析微观同位地结合起来。由于 X 射线聚焦困难，所能分析样品的最小区域（光斑）在毫米数量级，因此对微米及纳米级的微观区域进行单独选择性分析也是无能为力，只能进行宏观分析，给出的是试样上总体的和平均的结果。X 射线衍射仪的样品为块状、薄板状、粉末、胶体等。

② 扫描电子显微镜（Scanning Electron Microscope，SEM）是利用电子束在样品表面扫描激发出来代表样品表面特征的信号成像的。具有较高分辨率和较高放大倍数，分辨率可达到 1nm，放大倍数可达 2×10^5 倍，并连续可调。扫描电子显微镜的景深很大，能清晰地显示粗糙表面，所以它主要用于观察断口，进行失效分析，还可以进行显微组织分析。扫描电子显微镜样品制备非常简单，可以直接观察大块试样，诸如断口、金相试样等，还可以观察粉末样品。对于不导电的样品，可以通过蒸镀导电层进行观察。现代扫描电镜通常配有能谱附件、波谱仪和电子背散射衍射附件，这样不仅能做表面形貌分析，还可以进行微区成分分析、晶体结构以及织构分析。

③ 透射电子显微镜（Transmission Electron Microscope，TEM）通过检测透射电子束成像来显示样品内部组织形态与结构，依据样品不同位置透射电子束的强度不同而成像，得到的是样品形貌像；依据（被样品）弹性散射电子相长干涉（衍射）方向与强度不同而成像，则得到样品衍射像（衍射花样、衍射谱）。它具有高分辨率、高放大倍数，点分辨率可达 0.12nm，晶格分辨率约 0.1nm，能直接放大 150 万倍，可以看到原子或原子团。主要用于显微组织分析（各组成相晶粒的形态、大小、分布，晶体缺陷、位错、层错、孪晶、界面等），原子像观察，晶体结构确定以及取向关系分析等。透射电镜所观察的样品称为薄膜，它是直径为 3mm、中心厚度为 200nm 左右的小圆片，这么薄的样品必须用专用设备（电解抛光仪或者离子减薄仪）制备。也可以把粉末分散后涂覆在支持膜上制备成粉末样品进行观

察。现代透射电镜通常还配有能谱、能量损失谱等附件，在进行显微组织、晶体结构分析时还可以同时进行元素分析，达到综合分析的目的。

材料结构与材料性能是研究材料科学的两个要素。材料的性能是由其内部的微观组织结构所决定的。随着科学技术的进步，用于材料性能检测、晶体结构分析、微观结构分析和化学成分分析的实验方法和检测手段不断丰富，新型仪器设备不断出现，种类繁多，这为材料的测试分析工作提供了强有力的物质支撑。本书主要针对机械类相关研究，对于机械及相关专业学生，在实际工作和研究中，也会遇到需要利用材料分析才能解决的问题。本书在材料结构方面，主要以 X 射线衍射分析与扫描电子显微分析为主；在性能方面，主要以表面硬度、耐磨性以及耐腐蚀性分析为主。

思考题

① 材料分析各种方法的检测过程大体可分为哪几个步骤？各种不同分析方法的根本区别是什么？

② 材料分析在材料科学研究中有什么作用？

③ 常用的材料分析方法有哪些？主要用途是什么？

参考文献

[1] 左演声，陈文哲，梁伟. 材料现代分析方法 [M]. 北京：北京工业大学出版社，2000.

[2] 杜希文，原续波. 材料分析方法 [M]. 天津：天津大学出版社，2006.

[3] 李炎. 材料现代微观分析技术：基本原理及应用 [M]. 北京：化学工业出版社，2011.

[4] 周玉. 材料分析方法 [M]. 北京：机械工业出版社，2000.

[5] 胡赓祥，蔡珣，戎咏华. 材料科学基础 [M]. 上海：上海交通大学出版社，2010.

第2章

材料的硬度及表面形貌表征

日常生活中，我们通过感觉就可以粗略地辨别材料的软硬程度和观察金属材料的表面形貌。然而，在科学研究和工厂生产中，对材料的硬度和表面形貌则不能只有感性的认识，还必须有明确的数值和图像来区分。这就必须通过硬度试验和表面形貌的测量仪器来加以测定和观察。对于科研人员和生产人员来说，在试验研究和日常生产中，材料的硬度以及表面形貌的测量也是必不可少的。

2.1 硬度的概念

硬度是指材料在表面上的不大区域内抵抗变形或者破断的能力，是表征材料性能的一个综合参量。抵抗的能力愈大，愈不易被压入，则硬度愈高。反之，则硬度愈低。硬度是衡量金属材料软硬程度的一项重要的性能指标，它既可理解为材料抵抗弹性变形、塑性变形或破坏的能力，也可表述为材料抵抗残余变形和反破坏的能力。硬度不是一个简单的物理概念，而是材料弹性、塑性、强度和韧性等力学性能的综合指标。硬度测定的方法很多，一般分为刻画法和压入法两大类，而根据其测试方法的不同又可分为静压法（如布氏硬度、洛氏硬度、维氏硬度等）、划痕法（如莫氏硬度）、回跳法（如肖氏硬度）、显微硬度和高温硬度等多种方法。

硬度试验所用设备简单，操作方便快捷，一般仅在材料表面局部区域内造成很小的压痕，可视为无损检测，故可对大多数机件成品直接进行检验，无需专门加工试样，是进行工件质量检验和材料研究最常用的试验方法。

2.2 硬度的分类及其试验原理

2.2.1 布氏硬度

布氏硬度试验是1900年由瑞典工程师布利涅尔（J. A. Brinell）提出的。这种方法由于压痕较大，因而硬度值受试样组织的偏析及成分不均匀的影响较小，具有较高的测量精度，检测结果的分散度小，能够比较客观地反映出材料的性能，所以是目前最常用的试验方法之一。

布氏硬度试验原理：用一定直径的硬质合金球，在规定的试验力作用下压入试样表面，经一定的保持时间后卸除试验力，测量试验表面压痕直径，布氏硬度值与试验力除以压痕表面积的商成正比。用一直径为 D 的淬火钢球或硬质合金球，在规定载荷 F 的作用下压入被测试金属的表面，停留一定时间后，卸除载荷，测量被测试金属表面上所形成的压痕直径 D，如图2-1所示。由此计算压痕的球缺表面积 S，然后再求出压痕的单位面积所承受的平均压力（F/S），以此作为被测试金属的布氏硬度值（HB）。

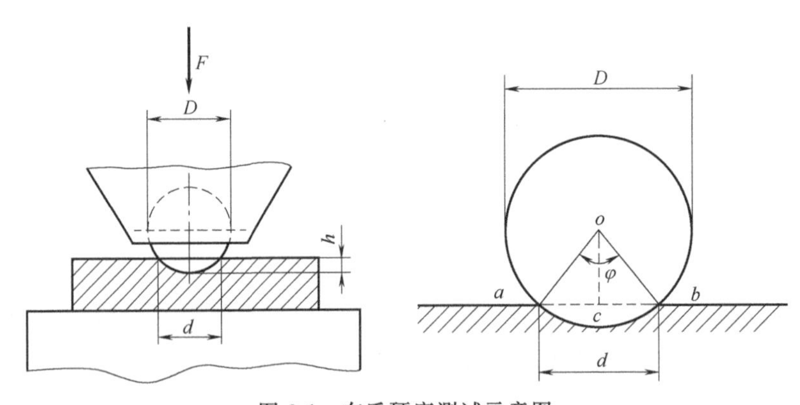

图2-1 布氏硬度测试示意图

布氏硬度计算式为：

$$\mathrm{HB}=\frac{F}{S}=\frac{2F}{\pi D(D-\sqrt{D^2-d^2})} \tag{2-1}$$

式中　D——球直径，mm；

F——试验力，N；

S——压痕表面积，mm^2；

d——压痕平均直径，mm。

式（2-1）为布氏硬度的计算式，布氏硬度单位为 N/mm^2，但习惯上不标单位，只写出硬度的数值。因此，在试验力及球直径一定的情况下，压痕深度越深或直径越大，则获得的硬度值越低，即材料的变形抗力越小。通常式（2-1）中的 F、D 已知，只有 d 是变量，因而借助显微镜测出压痕直径 d 即可计算出硬度值 HB。实际测量时，可根据测出的 d 值从表中直接查出 HB 值。

由于压头的材料不同，因此布氏硬度用不同符号表示，以示区别。当压头为淬火钢球时，其符号为 HBS（适用于布氏硬度值在 450 以下的材料）；当压头为硬质合金球时，其符号为 HBW（适用于布氏硬度值为 450～650 的材料）。一般硬度符号 HB 前面的数值为硬度值，符号后面的数值依次表示球体直径、载荷大小及载荷保持时间（保持时间为 10～15s 时可不标注）。例如，当用 10mm 淬火钢球在 1000kgf（9.8kN）载荷作用下，保持 30s 测得的布氏硬度为 150 时，可写成 150HBS 10/1000/30。500HBW 5/750 表示用直径为 5mm 的硬质合金球，在 750kgf（7.355kN）载荷作用下保持 10～15s，测得的布氏硬度值为 500。

在进行布氏硬度试验时，应根据被测试金属材料的种类和试样厚度，选用不同大小的球直径 D、试验力 F 和载荷保持时间。按 GB/T 231.1—2018 规定，对于铸铁，压头直径有 10mm、5mm、2.5mm 三种；试验力与球直径平方的比率（$0.102F/D^2$）有 30、15、10、5、2.5 和 1 六种，见表 2-1。

表 2-1　不同材料推荐的试验力与压头球直径平方的比率

材料	布氏硬度	$0.102F/D^2$
钢、镍合金、钛合金		30
铸铁	＜140	10
	≥140	30
铜及铜合金	＜35	5
	35～200	10
	＞200	30
轻金属及其合金	＜35	2.5
	35～80	5
		10
		15
	＞80	10
		15
铅、锡		1

布氏硬度试验的优点是压痕面积大、测量结果误差小，且与强度之间有较好的对应关系，故有代表性和重复性。这都是因为布氏硬度试验时一般采用直径较大的压头，因而压痕面积较大，这就使得硬度值能反映金属在较大范围内各组成相的平均性能，而不受个别组成相及微小不均匀性的影响，测定的数据准确、稳定。因此，布氏硬度试验特别适用于测定灰铸铁、轴承合金等具有粗大晶粒或组成相的金属材料硬度。其缺点是因压痕面积大而不适用于测定成品零件及薄而小的零件。此外，对不同材料需要更换球体和改变载荷，压痕直径的测量也较麻烦，因而用于自动检测受到限制，对大量逐件检验的产品不适用，不宜在成品上进行试验。

布氏硬度试验应在布氏硬度试验机上进行。常见的布氏硬度试验机有油压式和机械式两大类。HB-3000 型机械式布氏硬度试验机如图 2-2 所示。试验时操作方法如下：

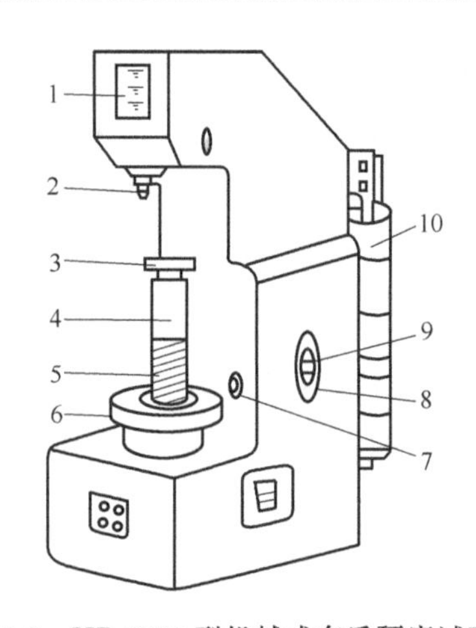

图 2-2　HB-3000 型机械式布氏硬度试验机

1—指示灯；2—压头；3—工作台；4—立柱；5—丝杠；6—手轮；
7—试验力按钮；8—时间定位器；9—压紧螺钉；10—试验力砝码

① 首先选定压头，装入主轴衬套中，然后选定负荷，加上相应的砝码，确定加载时间（把圆盘上时间定位器的红色指示点转到与持续时间相符的位置上）。

② 接通电源，使指示灯点亮。

③ 将试样置于工作台上，顺时针转动手轮，使压头压向试样表面，直至手轮对下面螺母不做相对运动为止。

④ 按动试验力按钮，启动电动机即施加试验力。当红色指示灯闪亮时，迅速拧紧压紧螺钉，使圆盘转动，达到所要求的持续时间后，转动即自行停止。

⑤ 逆时针转动手轮，降下工作台，取下试样。用目测显微镜测出压痕直径 d，根据此值可查出 HB 值。

2.2.2 洛氏硬度

洛氏硬度试验法是由美国人洛克威尔（ S. P. Rockwell 和 H. M. Rockwell）于 1914 年提出的，他们在 1919 年和 1921 年先后对硬度计的设计进行了改造，奠定了现代洛氏硬度计的基础。1930 年，威尔逊（C. H. Wilson）更新了设计，使洛氏硬度试验更趋完善。洛氏硬度的测试虽然也是用一定形状的硬质压头以一定大小的载荷压入试样表面，但所使用的压头及载荷与布氏硬度所使用的不同，且它是根据压坑的深度来计算硬度值。材料硬，压坑深度浅，则硬度值高；材料软，则硬度值低。

洛氏硬度试验原理如下：

在初试验力 F_0 及总试验力 F 先后作用下，将规定的压头压入试样表面，保持一定的时间后卸除主试验力 F_1，在保留初试验力 F_0 下测量压痕残余深度 h。以压痕残余深度 h 表示洛氏硬度的高低，深度大，硬度值低；深度小，则硬度值高。然后以压头的轴向位移 0.002mm 为一个洛氏硬度单位，一般从指示表盘上直接读出，或通过测深装置测量后显示硬度值。洛氏硬度试验原理见图 2-3。

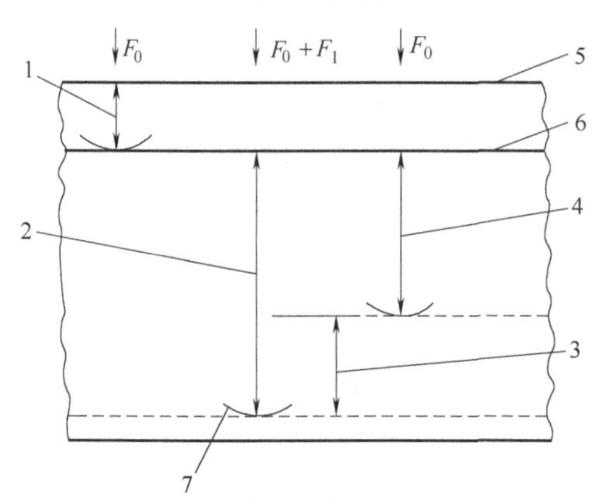

图 2-3　洛氏硬度试验原理

1—在初试验力 F_0 下的压入深度；2—由主试验力 F_1 引起的压入深度；

3—卸除主试验力 F_1 后的弹性回复深度；4—残余压入深度；

5—试样表面；6—测量基准面；7—压头位置

洛氏硬度值按下式计算：

$$HR=N=\frac{h}{S} \tag{2-2}$$

式中 N——常数，对 A、C、D、N 和 T 标尺为 100，其他标尺为 130；

h——压痕残余深度，mm；

S——常数，分别为 0.002mm（洛氏）、0.001mm（表面洛氏）。

根据金属材料软硬程度不一，可选用不同的压头和载荷配合使用，测得的硬度值分别用不同的符号来表示。三种常用的洛氏硬度符号、试验条件和应用列于表 2-2 中。

表 2-2 三种常用的洛氏硬度符号、试验条件和应用

符号	压头	总载荷/N (kgf)	测量范围 (HR)	应用
HRA	120°金刚石圆锥体	588(60)	20～88	碳化物、硬质合金、淬火工具钢、浅层表面硬化钢
HRB	1.588mm 淬火钢球	980(100)	20～100	软钢、铜合金、铝合金、可锻铸铁
HRC	120°金刚石圆锥体	1470(150)	20～70	淬火钢、调质钢、深层表面硬化钢

注：HRA、HRC 所用刻度盘满刻度为 100，HRB 为 130。

常用洛氏硬度试验机如图 2-4 所示。其主要部件包括：机体和试样台、加载机构、千分表指示盘。试验时，将符合要求的试样置于试样台上，顺时针旋转手轮，使试样与压头缓慢接触，直至表盘小指针指到“0”为止，此时已加预载荷 98N (10kgf)。然后将表盘大指针调整至零点（HRA、HRC 零点为 0，HRB 零点为 30）。按下按钮，平稳地加上主载荷。表盘中大指针反向旋转若干格后停止，持续几秒（视材料软硬程度而定），之后再顺时针旋转摇柄，直到自锁时，即卸去主载荷。此时大指针退回若干格，最后在表盘上可直接读出洛氏硬度值（HRA、HRC 读外圈黑刻度，HRB 读内圈黑刻度）。

洛氏硬度试验法的优点是：操作迅速简便，硬度值可在表盘上直接读出；由于压痕小，故可在工件表面或较薄的金属上进行试验；同时，采用不同压头和载荷，可测量各种软、硬不同和厚薄不同的材料。其缺点是：因压痕较小，受材料组织不均等缺陷影响大，对组织比较粗大且不均匀的材料，所测硬度值重复性差，对同一测试样需测三次后取平均值。

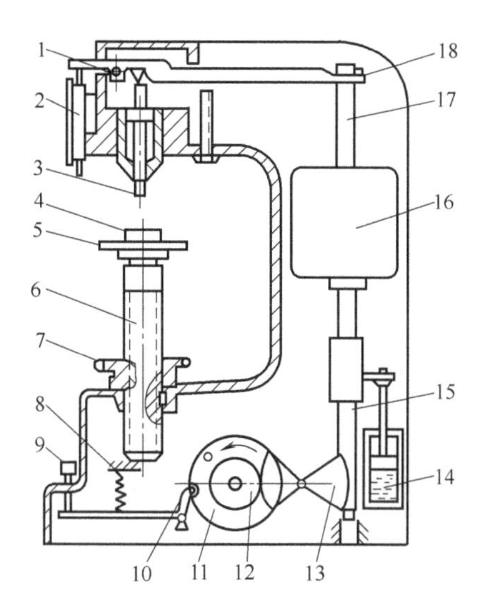

图 2-4　H-100 型洛氏硬度试验机

1—支点；2—指示器；3—压头；4—试样；5—试样台；6—螺杆；7—手轮；8—弹簧；9—按钮；10—插销；11—转盘；12—小齿轮；13—扇齿轮；14—油压缓冲器；15—齿杆；16—重锤；17—纵杆；18—杠杆

2.2.3　维氏硬度

洛氏硬度测试法虽可采用不同的标尺来测定软、硬不同金属材料的硬度，但不同标尺的硬度值间没有简单的换算关系，使用很不方便。

1925 年，英国人史密斯（R. L. Smith）和桑德来德（G. E. Sandland）提出在同一种硬度标尺上测定软、硬不同金属材料的硬度，而按照此方法试制成功的第一台硬度计出自英国维克斯（Vickers）公司，所以人们称这种试验法为维氏硬度试验法，是静载压入试验法中较精确的一种。

维氏硬度试验原理如下：在规定的试验力 F 作用下，将顶部两相对面夹角为 136°的金刚石正四棱锥体压头压入试样表面，在保持规定的时间后，卸除载荷，然后再测量压痕投影的两对角线的平均长度 d。如图 2-5 所示。

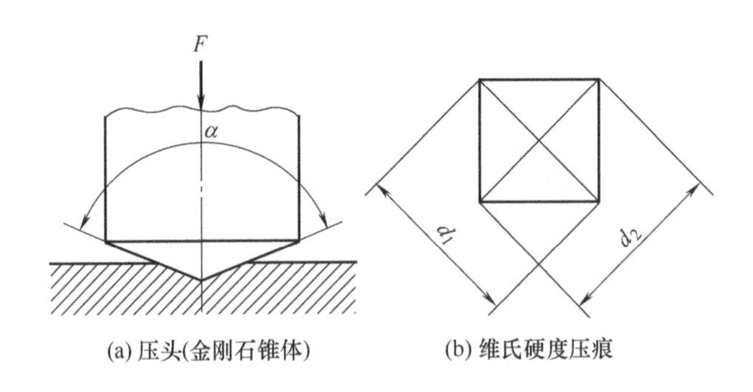

图 2-5 维氏硬度测试示意图

计算出压痕的表面积 S，最后求出压痕表面积上的平均压力（F/S），以此作为被测试金属的维氏硬度值（HV）。其计算式为

$$\mathrm{HV}=\text{常数}\times\frac{\text{试验力}}{\text{压痕表面积}}=0.102\frac{2F\sin\dfrac{136^\circ}{2}}{d^2}\approx 0.1891\frac{F}{d^2} \tag{2-3}$$

式中 HV——维氏硬度符号；

F——试验力，N；

d——压痕两对角线 d_1、d_2 的算术平均值，mm。

在实际测试时，一般是用装在机体上的测量显微镜，测出压痕两对角线的平均长度，然后根据 GB/T 4340—2009 的规定来求得所测的硬度值。

维氏硬度表示方法为：维氏硬度符号 HV 前面的数值为硬度值，HV 后面的数值依次表示载荷和载荷保持时间（保持时间为 10～15s 时不标注）。如果选用这个时间以外的时间，在力值后面还需要注上保持时间。例如：

640HV30——采用 294.2N（30kgf）的试验力，保持 10～15s 时所得到的硬度值为 640；

640HV30/20——采用 294.2N（30kgf）的试验力，保持 20s 时所得到的硬度值为 640。

测定维氏硬度常用的载荷有 49N、98N、196N、294N、490N、980N 等几种。试验时，载荷 F 应根据试样的硬度与厚度来选择。国际标准按照三个试验力范围规定了测定金属维氏硬度的方法，见表 2-3。

表 2-3　维氏硬度试验

试验力范围/N	硬度符号	试验名称
$F \geqslant 49.03$	≥HV5	维氏硬度试验
$1.961 \leqslant F < 49.03$	HV0.2～<HV5	小负荷维氏硬度试验
$0.09807 \leqslant F < 1.961$	HV0.01～<HV0.2	显微维氏硬度试验

注：国际标准规定维氏硬度压痕对角线长度范围为 0.020～1.400mm。

与布氏硬度及洛氏硬度试验相比，维氏硬度试验具有很多优点：所加载荷小，压入深度浅，比洛氏硬度能更好地测定薄件或薄层的硬度；同时，维氏硬度是一个连续一致的标尺，试验时载荷可任意选择，而不影响其硬度值的大小，因此可测定从极软到极硬的各种金属材料的硬度。维氏硬度试验法的缺点是其硬度值的测定较麻烦，工作效率不如洛氏硬度试验法高，所以不宜用于成批生产的常规检验。由于维氏硬度与布氏硬度的测试原理相同，所以在材料硬度小于 450HV 时，维氏硬度与布氏硬度值大体相同。

2.3 显微硬度

2.3.1 显微硬度概念及其试验原理

显微硬度试验法产生于 19 世纪 30 年代，但发展很快。显微硬度试验由于试验力小，产生的压痕很小，适合于测量材料的单晶体及金相组织，主要用于研究材料特性，进行理化分析。此外，显微硬度试验适合于测量薄材料及细小零件的硬度，如钟表、仪器、仪表中的零件，以及表面镀层、渗碳层、氮化层的硬度和厚度，是检验产品质量、制定合理的加工工艺的重要手段，特别是将成为金属学、金相学等材料学科方面最常用的试验方法之一。

显微硬度试验的原理与维氏硬度试验基本相同，也是以相对夹角为 136°的正菱形角锥体压入试样，用单位压痕面积所受的载荷来确定硬度数值。其计算式为

$$\mathrm{HD}=1854\,\frac{P}{d^2} \tag{2-4}$$

式中　HD——显微硬度符号，但实际使用时硬度值均以 HV 表示；

　　P——加于角锥体上的载荷，g；

d——压痕对角线长度，μm。

2.3.2 显微硬度计的构造

显微硬度计的种类有很多，目前应用最为广泛的为 VMH-002 型显微硬度计，其结构示意图如图 2-6 所示。VMH-002 型显微硬度计提供简洁易操作的彩色液晶触摸屏，所有的设置通过屏幕上的触摸按钮来实现。

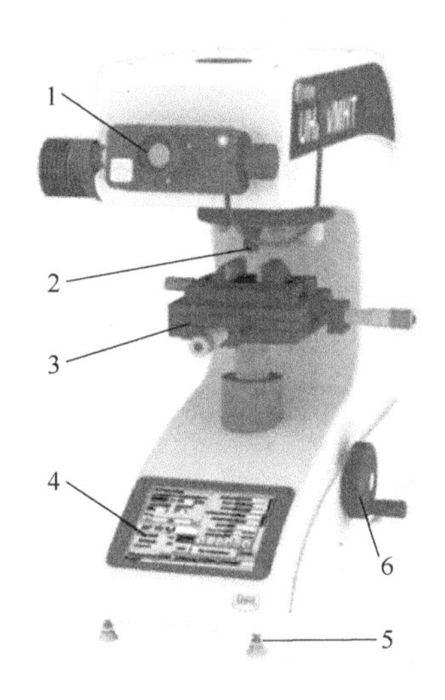

图 2-6 VMH-002 型显微硬度计的结构示意图

1—光栅数字测微目镜；2—维护压头及目镜；3—工作台；

4—LED 显示屏；5—机座；6—升降手轮

2.3.3 VMH-002 型显微硬度计的操作方法

(1) 试样的要求

① 因电镀层较薄，在磨削过程中，镀层易剥落和产生倒角，直接影响镀层压痕的测量精度，必须将试样先镶嵌后磨制。

② 为了消除机械抛光对试样造成的加工硬化，试样最好采用电解抛光。

③ 在横截面上为了清楚地区分金属基体、镀层、保护层三部分，应正确选用

侵蚀剂。

④ 对于两面不平行的试样，可用橡皮泥固定在压平台上，然后放在压平机上压平。

(2) 负荷的选择

开机后进入设置界面，如图 2-7 所示，进行负荷的设置，根据镀层硬度选择合适的负荷。若条件允许，尽量选择大负荷以减少测定误差的影响，一般规定压痕对角线长度不超过镀层厚度的一半，即 $d<\frac{1}{2}H$。

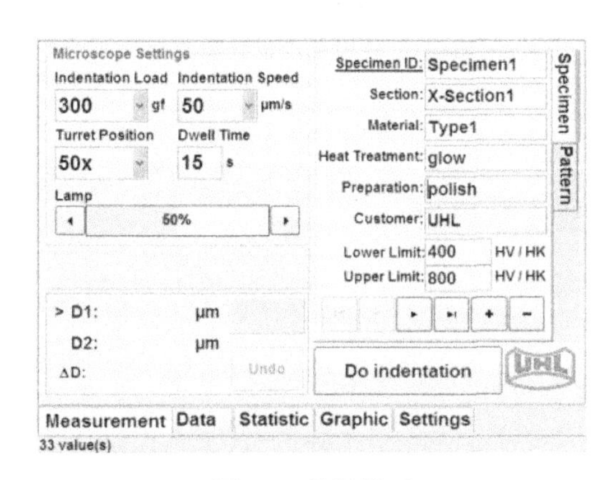

图 2-7 设置界面

(3) 仪器的操作

① 安置试样。根据试样的形状、大小、高低选择合适的装夹工具，并安装在仪器的工作台上。

② 调焦。转动手轮进行调焦至影像清晰。

③ 转动工作台上纵横向微分筒，在视场里找出试样的测定部位。

④ 点击设置界面的“Do indentation”选项，进行压痕。

⑤ VMH-002 型显微硬度计内置高分辨率摄像头，图像直接显示在触摸屏上，可以通过 USB 输出压痕图像并通过光学辅助聚焦，也可以利用软件的自动寻边功能，快速聚焦测量压痕对角线的距离，双击压痕点进行放大，如图 2-8 所示，根据“先左再右、先上再下”的原则，选定区域进行硬度值的计算。

⑥ 读数。从图 2-8 界面下方可直接进行读数，获取所需的硬度值，要注意的是 ΔD 的误差应该尽量地小，误差越小，所得数值越精确。

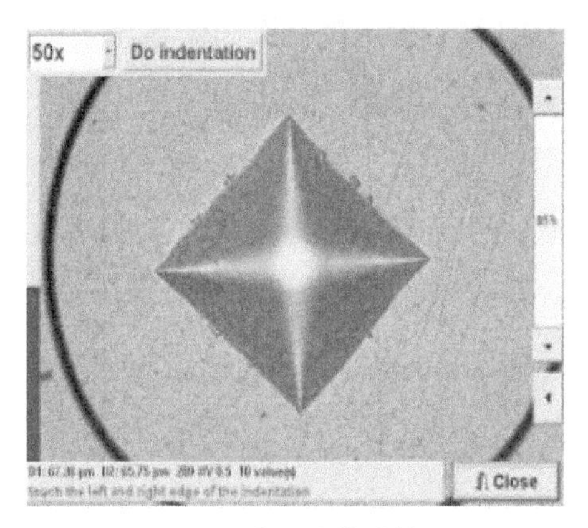

图 2-8　压痕硬度值计算界面

2.3.4 操作实例及注意事项

(1) 试验仪器

VMH-002 型显微硬度计。

(2) 试验材料

低碳钢镀镍试样。

(3) 试验步骤

① 打开 VMH-002 显微硬度计电源，启动仪器。

② 装夹试样，将试样固定在夹具上。

③ 进入设置界面，选择 50N 的负荷。

④ 转动手轮进行调焦至影像清晰。

⑤ 点击“Do indentation”选项，进行压痕。

⑥ 根据“先左再右、先上再下”的原则，选定区域进行硬度值的计算。

⑦ 读数并记录。

(4) 注意事项

① 试验一般在 10～35℃室温进行，对精度要求严格的试验，室温应控制在 23℃±5℃之内。

② 在显微硬度试验时，切忌在有振动的环境下进行。

③ 试验力的施加应均匀平稳，不得有冲击和振动。试验力保持时间一般为10～15s。

④ 光学元件表面有尘埃时，可用吹风机吹去或用狼毫毛笔轻轻拭去，千万不要用手去擦。

2.4 表面形貌的测量方法

(1) 机械探针式测量方法

机械探针式测量方法是开发较早、研究最充分的一种表面轮廓测量方法。它利用机械探针接触被测表面，当探针沿被测表面移动时，被测表面的微观凹凸不平使探针上下移动，其移动量由与探针组合在一起的位移传感器测量，所测数据经适当的处理就得到了被测表面的轮廓。探针式轮廓测量是一种接触式测量，探针要在一定的压力下接触被测表面，并且为了获得较好的测量精度和较高的横向分辨率，探针半径一般都很小，这样被测表面单位面积上承受的接触压力很大。如果被测表面较为松软，探针往往会划伤被测表面，因此，机械探针法一般不宜用于测量铜、铝等软金属表面或涂有光刻胶等薄膜的表面。

(2) 光学探针式测量方法

光学探针式测量方法原理上类似于机械探针式测量方法，只不过探针是聚集光束。根据采用的光学原理不同，光学探针可分为几何光学原理型和物理光学原理型两种。几何光学探针利用像面共轭特性来检测表面形貌，有共焦显微镜和离焦检测两种方法。物理光学探针利用干涉原理通过测量程差来检测表面形貌，有外差干涉和微分干涉两种方法。

外差干涉光学探针利用双光束外差干涉原理来测量被测表面的形貌。两支相干光的一束作为测量光束经显微物镜聚集在被测表面上，另一束则作为参考光束保持光程不变。通过某种方法使两支相干光的频率产生差异，从而使两束相干光的相差受时间调制。当光电探测器检测随时间变化的干涉条纹时，探测器输出电信号中的低频成分的位相就反映了干涉条纹的位相差。利用位相计测出低频信号的位相，就可高精度地测出干涉条纹的位相差，从而得到有关表面形貌的信息。

微分干涉光学探针将光束分成两束相干光束并在被测表面上聚焦成两个相距很近的光斑，被测表面在这两个光斑之间的高度差决定了两束相干光的位相差，利用各种方法测出位相差，就可能获得表面形貌的信息。由于微分干涉探针采用共光路光学系统，因此具有良好的抗干扰特性，且不需要标准参考平面。但是由于微分干涉法实际测量的是表面斜率，表面形貌是通过斜率求积分获得的，因而这种方法会累积误差。

(3) 干涉显微测量方法

干涉显微测量方法利用光波干涉原理测量表面轮廓。与探针式测量方法不同的是：它不是单个聚焦光斑式的扫描测量，而是多采样点同时测量。干涉显微测量方法根据干涉光路的结构可分为双光路和共光路两种类型。双光路型干涉显微轮廓仪根据分光方式的不同，还可分为 Michelson、Mirau 和 Linnik 三种类型。

(4) 扫描电子显微镜

扫描电子显微镜（SEM）利用聚焦得非常细的电子束作为电子探针。当探针扫描被测表面时，二次电子从被测表面激发出来，二次电子的强度与被测表面形貌有关，因此利用探测器测出二次电子的强度，便可处理出被测表面的几何形貌。SEM 具有较高的纵向分辨率和横向分辨率，可分别达到 10nm 和 2nm ，但是由于 SEM 有深度效果的图像是用立体观察技术和立体分析技术间接获得的，因此 SEM 主要用来定性观察被测表面的形貌。此外，SEM 要求在真空环境下工作，要求被测表面导电，操作复杂，测量费时，这进一步限制了它的应用范围。

(5) 扫描探针显微镜

扫描探针显微镜（SPM）是通过探测样品与探针之间存在的各种相互作用所表现出的各种不同特性来实现测量的。依据这些特性，目前已开发出各种各样的扫描探针显微镜。就测量表面形貌而言，扫描隧道显微镜（STM）和原子力显微镜（AFM）最为人们熟悉和掌握。

STM 的基本原理是量子隧道效应，当金属探针与被测表面非常接近时，在探针与表面的间隙中出现隧道电流。电流强度与间隙大小有关。当探针沿被测表面移动时，驱动和控制探针上下移动使隧道电流保持不变，保证间隙锁定，那么探针的上下移动量便反映了被测表面的轮廓。

AFM 的基本原理是探针与样品之间的原子相互作用力，探针置于悬臂梁上，利用光学杠杆法测出悬臂梁在原子力作用下的变形，便可测出被测表面的形貌。AFM 有两种形式，一种是接触式测量，但其接触力极小，主要由两部分组成，一部分是由各种原因（如样品表面的张力、样品表面上的电荷等）引起的样品和探针之间的吸引力，另一部分是在吸引力作用下探针沿样品表面扫描时出现的摩擦力。

接触式 AFM 的接触力尽管很小，但在有些应用中仍是不允许的，因此又出现了一种非接触式 AFM。非接触式 AFM 的工作原理是基于这样一种现象，即当样品表面与探针处于似接触没接触状态时，探针的振动幅度变小并同样品表面与探针之间的平均距离成正比。AFM 具有极高的纵向分辨率，可达 0.05nm，但横向测量长度很小，仅达到 10μm，因此 AFM 常被用来测量线条的宽度，较少用于测量表面形貌。

2.5 光学金相显微技术

金相检验技术是根据相关标准和规定来评价金属材料质量的一种检验方法，可以用来判断工件的生产工艺是否完善，有助于分析工件产生缺陷的原因，是生产和科研中必不可少的一种技术。

由于金相检验经常要分析材料的金相组织，主要借助金相显微镜等分析仪器。金相显微镜是用于观察金属内部组织结构的重要光学仪器。自 19 世纪中叶用金相显微镜观察金属显微组织以来，显微镜的构造、类型、应用范围和性能等方面都有了很大的发展。光学金相显微技术已经成为观察金属表面形貌不可缺少的工具之一。

2.5.1 光学显微镜的成像原理

金相显微镜是利用光纤的反射原理，将不透明的物体放大后进行观察的，最简单的显微镜由两个透镜组成，因此，显微镜是经过两次成像的光学仪器。将物体进行第一次放大的透镜称为物镜，将物镜所成的像再经过第二次放大的透镜称为目镜。金相显微镜的放大成像原理如图 2-9 所示。

由成像原理图可知：设物镜的焦点为 F_1，目镜的焦点为 F_2，L 为光学镜筒长度，$D=250\text{mm}$ 为人的明视距离。当物体 AB 位于物镜的焦点 F_1 以外，经物镜放大而成为倒立实像 A_1B_1，而 A_1B_1 正好落在目镜的焦点 F_2 之内，经目镜放大后成为一个正立放大的虚像 A_2B_2，则两次放大倍数分别为：

$$M_{物}=A_1B_1/AB \qquad M_{目}=A_2B_2/A_1B_1$$

$$M_{总}=M_{物}\times M_{目}=A_1B_1/AB\times A_2B_2/A_1B_1$$

即显微镜总的放大倍数等于物镜的放大倍数乘以目镜的放大倍数。目前普通光学金相显微镜的最高有效放大倍数为1600～2000倍。

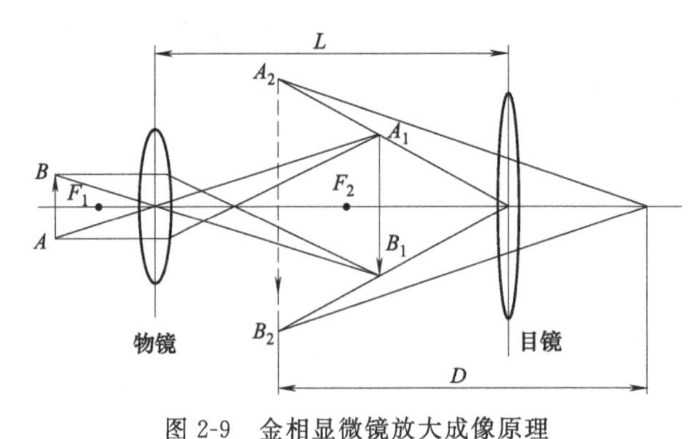

图 2-9 金相显微镜放大成像原理

2.5.2 光学金相显微镜的类型及构造

2.5.2.1 光学金相显微镜的类型

光学金相显微镜可按以下两种形式进行分类：

① 按照光路和被观察试样抛光面的取向不同，可分为正置式和倒置式两种基本类型。正置式显微镜的物镜朝下，倒置式显微镜的物镜朝上。

② 按功能与用途分：

a. 初级型：具有明场观察功能，其结构简单，体积小，重量轻。

b. 中级型：具有明场、暗场、偏光观察和摄影功能。

c. 高级型：具有明场、暗场、偏光、相衬、微差干涉衬度、干涉、荧光观察，以及宏观摄影与高倍摄影、投影、显微硬度测量、高温分析台、数码摄影与计算机图像处理等功能。

2.5.2.2 光学金相显微镜的构造

无论是哪一种显微镜，其结构都可归结为：照明系统、光路系统、机械系统与摄影系统。

(1) 照明系统

照明系统是辅助光源，同时根据不同的研究目的，调整、改变采光方式并完成光线行程的转换。该系统主要包含光源、照明方式等。

① 光源。金相显微镜的光源装置依显微镜类型不同而有所区别。金相显微镜一般采用人造光源，并借助于棱镜或其他反射方法使光线投在金相磨面上，靠试样的反光能力。部分光线被反射而进入物镜，经放大成像最终被我们观察。显微镜中光源要求光的强度不仅大而且要均匀，分光特性合适，并在一定范围内可任意调节，发热程度不宜过高，光源要稳定，经济性好。

现代的显微镜一般都配有控制度很高的集成式光源，显微镜的光源一般采用安装在反射灯室内的卤素灯，目前常用的有 30W、50W 照明功率，高级型多采用 100W 的卤素灯。

② 照明方式。金相显微镜照明方式有临界照明与科勒照明两种。目前，新型显微镜都已采用科勒照明。

(2) 光路系统

倒置式金相显微镜的光路示意图和外形分别如图 2-10 和图 2-11 所示。

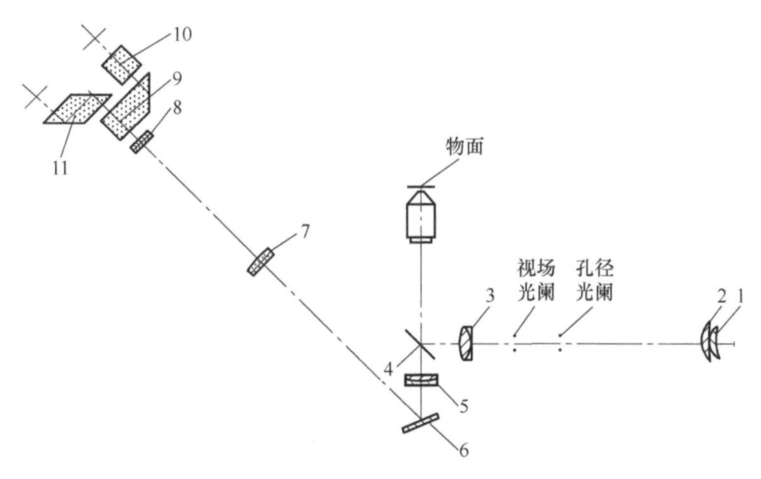

图 2-10　倒置式金相显微镜的光路示意图

1,2—集光镜；3—聚光镜；4—分光镜；5,7,8—管镜；6—反光镜；9—棱镜胶合组；10—平晶；11—斜方棱镜

(3) 机械系统

机械系统主要有底座、载物台、镜筒、调节旋钮（聚焦）等，倒置式金相显微镜的结构见图 2-12。

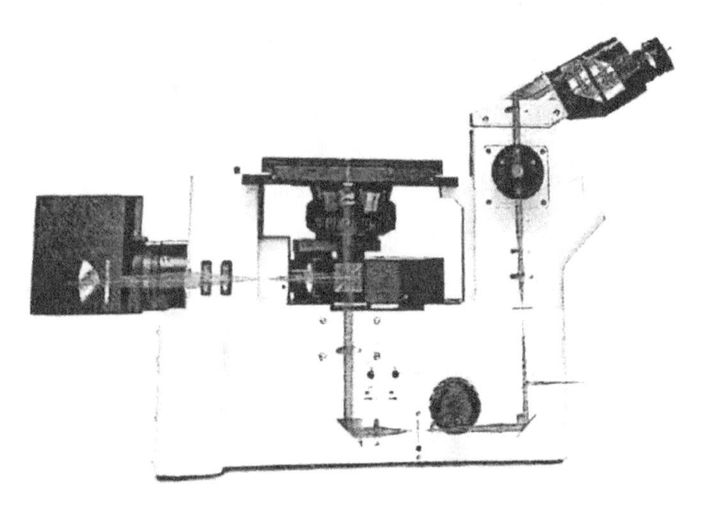

图 2-11 倒置式金相显微镜的外形

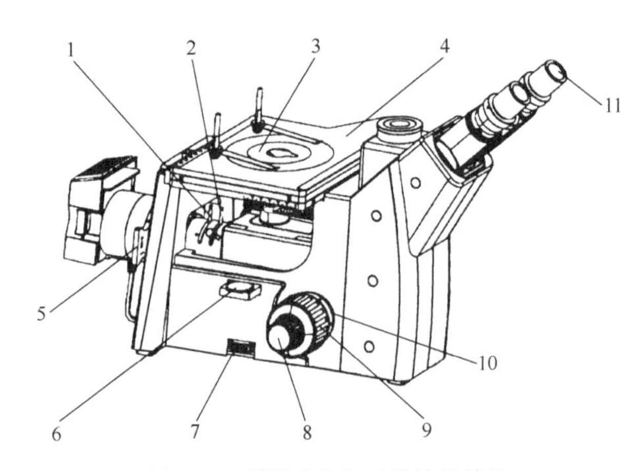

图 2-12 倒置式金相显微镜的结构

1—孔径光阑拨杆；2—视场光阑拨杆；3—金属载物台板；4—机械平台；
5—起偏镜插板滤色镜插板；6—360°旋转检偏镜；7—调光手轮；
8—微动手轮；9—粗动手轮；10—松紧调节手轮；11—目镜

(4) 摄影系统

摄影系统是在一般显微镜的基础上，附加了一套摄影装置，主要由照相目镜、对焦目镜、暗箱、投影屏、暗盒、快门等组成。随着计算机和数码技术的发展与普及，现代金相显微镜都配有数码摄影与计算机图像处理系统，已基本取代了传统的感光胶片技术，同时简化了金相显微镜的构造。

几何光学、物理光学以及计算机技术与数字图像技术的迅速发展，给现代金相显微镜发展开创了一个新世界，将机械、光学、计算机技术和电子图像分析等领域新技术综合应用并优化组合，使金相显微镜操作更简单，精度更高，图像更完美。

2.5.3 金相显微镜的操作方法

金相显微镜属于精密的光学仪器，操作者必须充分了解其结构特点、性能以及使用方法，并严格遵守操作规程。

显微镜操作之前，操作者的手必须洗净擦干，试样也要求清洁，试样不得残留氢氟酸等化学药品（尤其是倒置式显微镜），严禁用手摸光学零件，需按照以下步骤谨慎操作：

① 接通电源；

② 选择合适的物镜与目镜，先进行低倍观察（一般为 100 倍），再进行高倍观察；

③ 使载物台对准物镜中心；

④ 视场光阑与目镜镜筒大小合适；

⑤ 先粗调再微调；

⑥ 聚焦使映像清晰；

⑦ 观察完毕切断电源，取下物镜、目镜放入干燥缸内，将载物台置于非工作状态，盖好防尘罩。

2.5.4 操作实例及注意事项

(1) 试验仪器

倒置式金相显微镜。

(2) 试验材料

低碳钢镀镍磷试样。

(3) 试验前准备

① 检查电源，是否与设备额定的电压和频率一致，并接好接地电线。打开右

侧的电源开关。

② 在装上或卸下物镜时，必须把载物台升起，防止碰触透镜。

③ 试样放上载物台时，使被观察表面置于载物台当中，小试样用压片簧压紧。

④ 当使用低倍物镜观察时，旋转粗动调焦手轮；当使用高倍物镜观察时，旋转微动调焦手轮，使在目镜观察到的试样的物像清晰为止。

⑤ 调节双目头的间距至双眼能观察到左右两视场合成一个视场。

⑥ 擦拭镜头可用沾酒精/乙醚混合液或二甲苯的镜头纸或脱脂棉花。每次使用100×物镜后均需把镜头上的油擦干净。

(4) 图像采集

① 去掉防尘罩，打开电源。

② 将试样置于载物台垫片，调整粗/微动调焦手轮进行调焦，直到观察到的图像清晰为止。

③ 将金相显微镜上的观察/照相切换旋钮调至 PHOT 位置，金相显微镜里观察到的信息便转换到视频接口和摄像头。打开计算机，启动图像分析软件，即可观察到来自金相显微镜的实时的图像，找到所需的视场后将其采集、处理，如图 2-13 所示。

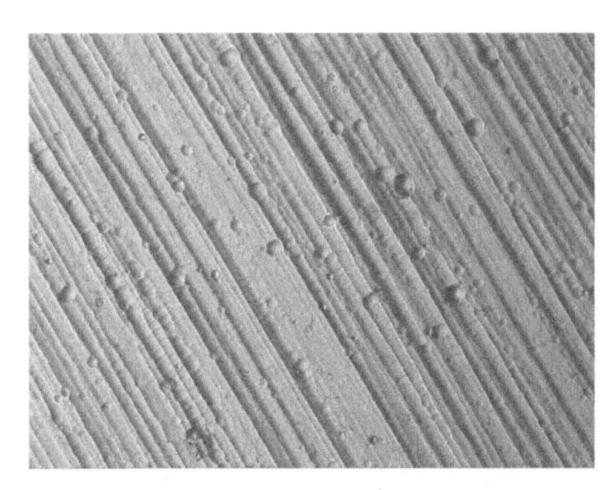

图 2-13　500 倍下 Ni-P 镀层的表面形貌

(5) 注意事项

为保证系统的使用寿命及可靠性，注意以下事项：

① 试验室应具备三防条件：防振（远离振源），防潮（使用空调、干燥器），防尘（地面铺上地板）。电源：220V+22V，50Hz。温度：0～40℃。

② 调焦时注意不要使物镜碰到试样，以免划伤物镜。

③ 当载物台垫片圆孔中心的位置远离物镜中心位置时不要切换物镜，以免划伤物镜。

④ 所有（功能）切换，动作要轻，要到位。

⑤ 关机时要将亮度调到最小。

⑥ 非专业人员不要调整照明系统（灯丝位置），以免影响成像质量。

⑦ 关机不使用时，将物镜通过调焦机构调整到最低状态。

⑧ 关机不使用时，不要立即盖防尘罩，待冷却后再盖，注意防火。

⑨ 不经常使用的光学部件放置于干燥器皿内。

⑩ 非专业人员不要尝试擦拭物镜及其他光学部件。目镜可以用脱脂棉签蘸1∶1比例（无水酒精乙醚）混合液体甩干后擦拭，勿用其他液体，以免损伤目镜。

思考题

① 硬度的概念是什么？

② 布氏硬度、洛氏硬度和维氏硬度的区别是什么？

③ 显微硬度的概念及其适应场所是什么？

④ 简述显微硬度计的构造及其操作方法。

⑤ 表面形貌的测量方法有哪些？各类方法的适用范围是什么？

⑥ 光学显微镜的成像原理是什么？

⑦ 简述光学金相显微镜的构造及各组成部分的作用。

⑧ 简述光学金相显微镜的操作方法及注意事项。

参考文献

[1] 杨辉其．新编金属硬度试验［M］．北京：中国计量出版社，2005.

[2] 林巨才．现代硬度测量技术及应用［M］．北京：中国计量出版社，2008.

[3] 方成水．金属材料的硬度试验：热处理［M］．北京：机械工业出版社，1975.

[4] 杨迪，李福欣．显微硬度试验［M］．北京：中国计量出版社，1988.

[5] 杨晓洁，杨军，袁国良. 金属材料失效分析 [M]. 北京：化学工业出版社，2019.
[6] 奚鹰. 机械设计制造系列：机械基础实验教程 [M]. 武汉：武汉理工大学出版社，2018.
[7] 王志刚，徐勇，石磊. 金相检验技术实验教程 [M]. 北京：化学工业出版社，2014.
[8] 葛利玲. 光学金相显微技术 [M]. 北京：冶金工业出版社，2018.
[9] 陈洪玉. 金相显微分析 [M]. 哈尔滨：哈尔滨工业大学出版社，2013.
[10] 赵玉珍. 材料科学基础精选实验教程 [M]. 北京：清华大学出版社，2018.

第3章

材料耐磨性能测试与分析

摩擦磨损是工业领域和日常生活中常见的现象，无论是火箭、飞机、汽车、机床还是人体关节等，在运转时，有一部分机件（轴与轴承、齿轮等）是相互接触并产生相对运动的，从而产生摩擦。摩擦造成接触材料表面的损耗，使机件尺寸发生变化，表面材料逐渐损失并造成表面损伤，这就是磨损。磨损是摩擦的结果。凡是相互作用、相对运动的两表面之间，都有摩擦与磨损存在。

工程应用上，摩擦磨损既有有利的方面，也有不利的方面。人们可以利用摩擦原理使人和车辆在陆地行走，离合器和制动器就是分别利用摩擦进行动力的传递或制动，利用磨损还可以对材料进行磨削加工。但是，磨损也可能造成机件工作效率下降、准确度降低、零件的使用寿命缩短甚至报废，这是造成材料和能源浪费的重要原因之一，也是零件失效的 4 大原因（过量变形、断裂、磨损、腐蚀）之一。例如，当气缸套的磨损超过允许值时，将引起功率下降，耗油量增加，产生噪声和振动等，最终导致报废。有统计表明，随着工业生产的不断发展，全世界有 1/3～1/2 的能量消耗在摩擦上，60％～80％的零件损坏由磨损引起。

要研究摩擦学的理论，确定各种因素对摩擦、磨损性能的影响，研究新的耐磨及减摩材料和评定各种耐磨表面处理的摩擦、磨损性能，必须掌握相关耐磨性能测试技术。所谓耐磨性能测试技术主要包括两个方面：摩擦磨损相关理论和耐磨性能测试方法。近年来，随着摩擦磨损理论研究工作的迅速发展，耐磨性能测试技术有了很大的提高。例如，采用了各种先进表面测试技术，使用了各种类型试验机，应用了数理统计理论和系统工程相结合的研究方法等。本章将介绍几种常见的摩擦磨损类型及理论，并对材料耐磨性能测试与分析相关设备和方法进行简要介绍。

3.1 摩擦理论

3.1.1 概述

两个相互接触物体或物体与介质间发生相对运动（或相对运动趋势）时出现的阻碍运动作用称为摩擦，该阻力即摩擦力。

关于摩擦的起因一直存在着凹凸说和黏着说两种观点。随着测试手段的革新、测试技术的进步，越来越多的试验结果表明，摩擦起因中黏着是基本的，但凹凸引起的塑性变形（包括犁沟）在其中也起着很大的作用。

根据运动状态，摩擦可以分为静摩擦与动摩擦两种，其中动摩擦又可分为滑动摩擦和滚动摩擦。

物体由静止开始运动时所需要克服的摩擦力称为静摩擦力，在运动状态下，为保持匀速运动所需要克服的摩擦力称为动摩擦力。在一般情况下，对于相同的摩擦物体，静摩擦力比动摩擦力大。动摩擦时，由于摩擦力作用点的转移，动摩擦力便做了功。这个功的一部分（可达75%）转变为热能（摩擦热），使工作表面层周围介质的温度升高，其余部分（约25%）消耗于表面层的塑性变形。摩擦热是一种能量损失，导致机器的机械效率降低，所以生产中一般总是力图减少摩擦系数，减少摩擦热，从而提高机械效率。另外，摩擦热引起摩擦表面温度升高，引起表层一系列物理、化学和力学性能的变化，导致磨损量的变化，所以在研究磨损问题时必须重视摩擦热。

一个物体在另一个物体上滑动时产生的摩擦叫作滑动摩擦，也叫作第一类摩擦，例如蒸汽机活塞在气缸中的摩擦、汽轮机轴颈在轴承中的摩擦，都属于滑动摩擦。

一个球形或者圆柱形物体在另一个物体表面上滚动，这时产生的摩擦叫作滚动摩擦，或者叫第二类摩擦。例如火车轮在轨道上转动时的摩擦、齿轮间的摩擦、滚珠轴承中的摩擦，都是滚动摩擦。实际上，发生滚动摩擦的机件中有许多同时带有或多或少的滑动摩擦。滚动摩擦比滑动摩擦要小得多。一般来说，前者只有后者的十分之一甚至百分之一。

根据润滑状态，摩擦又可分为以下四类。

① 液体摩擦（或叫液体润滑）。两摩擦表面被较厚的润滑剂层（大于 5μm）分隔开，物体之间并不直接接触。在此条件下，摩擦力完全取决于润滑剂的性质而与物体的表面性质无关。一般在物体表面不发生磨损。

② 半液体摩擦。摩擦表面存在薄厚不均的润滑剂层（在 1～5μm 范围内）。此时摩擦力的大小与润滑剂和金属表面性质均有关，此类摩擦多出现在低速和高压条件下。

③ 边界摩擦。摩擦表面并不直接接触，但相对上述两种摩擦，其间的润滑剂膜极薄，一般在 0.1～1μm。此时的摩擦力主要取决于金属表面层性质，当然与润滑剂性质也有一定关系。

④ 干摩擦。当边界润滑破坏后便发生干摩擦，即两摩擦面直接接触，出现完全无润滑剂的摩擦。不过通常干摩擦其摩擦表面仍存在气体吸附层。

从 15 世纪 Leonardo da Vinci 开始对摩擦进行研究以来，经过五百多年的实践和许多科学家的努力，目前对摩擦现象及其机理的研究已有很大的进展，提出了各种各样阐明摩擦原因的理论，但至今尚未形成完全统一的认识。

本节在简要介绍几种主要摩擦理论的基础上，将着重介绍现代黏着摩擦理论。

3.1.2 摩擦理论解析

(1) 机械理论（凹凸说）

机械理论是古典摩擦理论。Amonton 于 1699 年提出该理论，认为产生摩擦阻力的原因在于接触面凹凸不平。当两表面受载接触时，由于两表面上凹凸处互相交错啮合，要使其彼此滑动，就必须顺着凸部反复起落，或者把凸峰破坏，这种阻碍物体相对运动的切向力就是摩擦力，而摩擦系数为粗糙斜角 θ 的正切，即 $f=\tan\theta$。表面愈粗糙，摩擦系数愈大（图 3-1），这就是“机械理论”中产生摩擦力的基本原理。1724 年，法国的 Dee Camus 把涂了油能降低摩擦的原因归结于油填充于凹部减少了凹凸程度。由上可见，“机械理论”的力学观点是把表面粗糙固体看作绝对刚体的物体来研究的。因此，对摩擦现象的解释就完全建立在固体表面的纯几何概念上，并得出了光滑表面比粗糙表面摩擦小的结论。

用这种“机械理论”可以解释一般情况下粗糙表面比光滑表面摩擦力大的原因，但当表面光滑程度达到使表面分子吸引力有效发生作用时，摩擦力反而增大。例如，1919 年，哈迪对经过研磨达到透镜程度的光滑表面和加工粗糙的表面进行对比摩擦试验，发现经过充分研磨的表面摩擦力反而大，而且擦伤痕迹宽，表面破坏严重，这时显然用“机械理论”是无法解释的，同时也不符合古典刚体力学原理。如果表面凹凸处是刚体，则一个表面在沿共轴表面的凹凸坡起、落运动过程中应不消耗机械能，但实际上摩擦过程都会消耗能量。

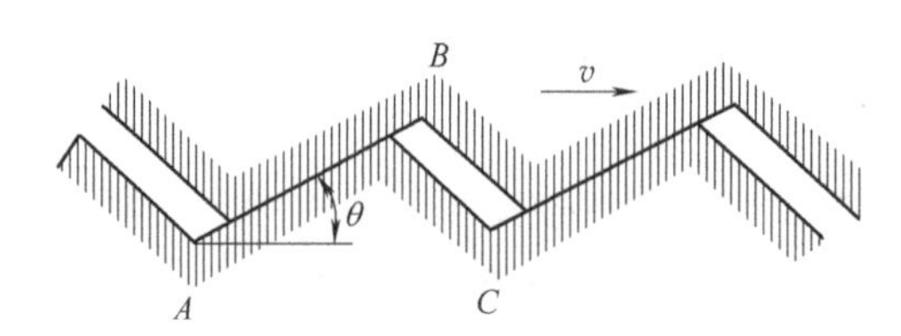

图 3-1 机械理论的摩擦模型

(2) 分子理论（分子说）

早在 1734 年，机械啮合理论占统治地位的时候，英国物理学家德萨古利埃在一次实验中偶尔把直径约 1/4in（1in＝2.54cm）的铅球切成两半后，然后用力压拢，发现这两半铅球牢固地粘连在一起，要用 200N 才能将它们分开。因而他在《实验物理教程》一书中第一次提出产生摩擦力的真正原因不在于表面凹凸高低，而在于两物体摩擦表面间分子引力场的相互作用，而且表面愈光滑，摩擦力愈大。因为表面愈光滑，摩擦面彼此愈接近，表面分子间作用力愈大。这种分子理论提出以后，相继有尤因、哈迪、汤姆林森和捷里亚金等都用这种分子理论解释摩擦原因。

汤姆林森根据力的平衡条件，即法向压力加上所有分子引力应等于所有分子斥力之和，从而推导出摩擦系数与真实接触面积成正比，与法向载荷的立方根成反比。

捷里亚金根据分子理论，将分子力和外力当作摩擦表面相互作用的力，得出

$$F=f(W+A_r p_{分}) \tag{3-1}$$

式中 F——摩擦力；

W——法向载荷；

f——摩擦系数；

A_r——真实接触面积；

$p_{分}$——单位真实接触面积上的分子力。

摩擦的分子理论模型如图 3-2 所示。设 A 和 B 为相接触的金属，B 固定，A 在

B 的表面上滑动。若图中所示的每个小圆圈各表示一个原子，假设上、下表面间的原子均处在对应位置，即 a_1 对 b_1，a_2 对 b_2，…，a_n 对 b_n，这时就整个系统而言，所加的法向力和所有原子间的引力与所有原子间的斥力相平衡。显然，就两表面中每个原子对而言，并不都是等距离的，其中有的原子对距离大，可能只存在引力，有的原子对距离较小，可能引力大于斥力；有的原子对距离正好等于晶格内部原子间的距离，即所谓平衡距离，此时引力等于斥力。至于两个不同表面上原子对达到小于平衡距离的程度，即达到斥力大于引力的程度，一般是不可能的。以上不论何种情况，当 A 相对 B 滑动时，两表面上所有相对应的原子间的距离都将随着滑动瞬间增大，即将逐渐离析最后到达只有引力的范围。此时，在 a_1 和 b_1 之间便出现斥力而抵制其运动。但当 a_1 移过 b_1、b_2 中间位置时，则 a_1、b_2 之间的引力大于 a_1、b_1 之间的引力，随后 b_1 便从 a_1 的引力中离析解脱出来，回到原来的位置。不难想象，这时 b_1 在拉伸状态所具有的弹性能量由于解脱的结果变为振动能量，最后变为热能而消散。两表面的各个原子这种能量损失之和为摩擦功。

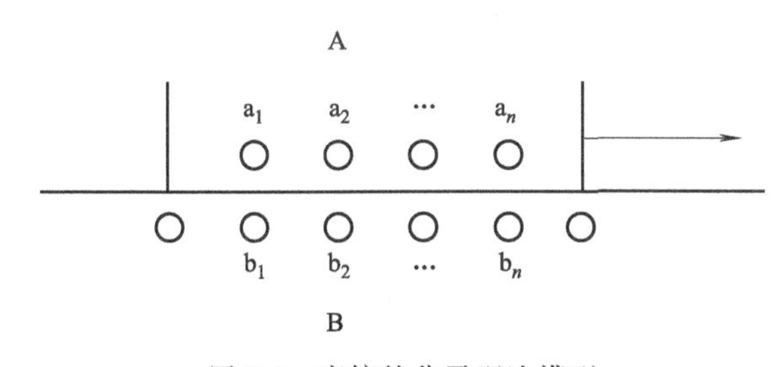

图 3-2　摩擦的分子理论模型

(3) 分子-机械理论

从 1939 年起，苏联 И. В. Кргелский 发表了一系列论文，为分子-机械理论奠定了基础，并不断地完善这一理论。该理论是以摩擦力二重性的概念作为基础，即摩擦力不仅取决于克服两个接触面间分子的相互作用力，而且还取决于因粗糙微凸体的犁沟作用引起的接触体形貌的畸变（可逆的或不可逆的）。在描述干摩擦的基本特性时，还引用了关于在两摩擦体之间形成第三物体的概念。两物体相互作用集中在两摩擦的覆盖膜或具有弹性-黏性性能的基体材料表层内，说明摩擦接触点的流变性，研究了预位移现象。

根据该理论，摩擦力等于接触面积上的分子作用和机械作用产生的阻力之和，即摩擦力的二项式公式为

$$F = F_{分} + F_{机} \tag{3-2}$$

式中　F——总摩擦力；

$F_{分}$——摩擦力的分子作用组成部分；

$F_{机}$——摩擦力的机械作用组成部分。

摩擦结点的破坏性质以及表层和微凸体内所发生的全部过程主要取决于几何因素、机械因素、物理因素和化学因素。以压入深度或挤压接近量与单个微凸体半径之比 h/r 表示的几何因素是影响最大的因素之一，这一特性系数能将弹性接触、塑性接触和微切削区分开来。以分子键的抗剪强度与基体材料的屈服极限之比 τ/σ_y 表示的物理-机械因素（σ_y 本身的大小除外）是次要的因素。

结点的破坏有三种情况：第一种情况是结点的破坏发生在两个物体的界面上；第二种情况是发生在两个物体的覆盖膜上（这时基体材料的表层不发生接触）；第三种情况是结点的破坏发生在基体材料的纵深处（而不是发生在两个物体的界面上）。

И. В. Кргелский 还具体分析了在切向移动时接触点在机械作用或分子作用下破坏的五种形式（设上面的微凸体较下面的硬，如图 3-3 所示）。前三种形式主要是由机械作用所致，后两种形式则明显地表现为分子作用的影响。

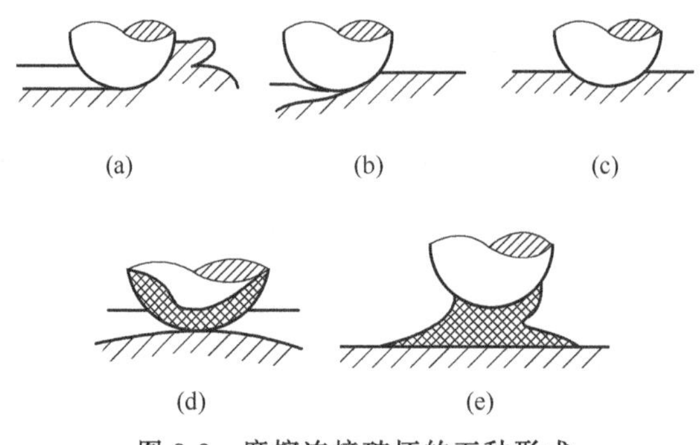

图 3-3　摩擦连接破坏的五种形式

第一种摩擦结点破坏形式［图 3-3（a）］是指有切向移动时，若表面微凸体压入深度较大（$h/r>0.1$），则下表面材料发生迁移而产生犁沟擦伤；若表面微凸体压入深度较小（$h/r<0.1$），则下表面发生材料部分弹性回复和轻度塑性挤压［图 3-3（b）］；若表面微凸体压入深度更小（$h/r<0.01$），则下表面只发生弹性挤压［图 3-3（c）］。这三种破坏形式中，其结点的破坏均发生在界面上。

同样，在有切向移动时，如果分子相互作用部分形成比基体金属强度低的连接，则产生一般的黏附膜破坏［图 3-3（d）］。如果分子相互作用部分形成比基体金属强度更高的连接，则这种分子作用称为黏着。若此时固体切向移动力大于黏着连接的强度，则黏着连接就会被剪断或撕裂［图 3-3（e)］，即基体材料遭到破坏，并引起材料转移。

1942 年，Bowden 和 Tabor 发现表观（名义）接触面积和实际接触面积之间有着很大的差别。他们假定在接触的微凸体之间，由于原子吸引力，接触点相互之间发生了黏着（冷焊)，同时还伴随有硬材料一方的微凸体（或硬颗粒）在较软一方的表面上的犁沟作用，从而成功地解释了阿蒙顿-库仑摩擦定律，阐明了摩擦具有变形过程和黏着过程的双重本质，成为公认的现代摩擦理论。

分子-机械理论与现代黏着理论没有本质区别。下面将着重介绍具有代表性的现代黏着摩擦理论。实际上，苏联的分子-机械理论中的机械分量就是黏着理论中的变形分量，而分子分量实际上就是黏着理论中的黏附分量。

(4) 黏着理论

① 简单的黏着理论。零件表面无论经过何种精细加工，都存在着不同程度的粗糙度，当两金属表面相互受载接触时，仅在少数（极限不少于三个）微凸体的顶端发生接触。开始由于实际接触面积极小，微凸体上接触压力很大，足以使其产生塑性变形，接触点的塑性流动将使接触面积增加。与此同时，另外一些高度较低的微凸体也相继进入接触，也会不断增加接触面积，直到实际接触面积正好能支承其载荷为止，如图 3-4 所示。这时，金属表面塑性接触处出现牢固的黏着（焊连)。这里所指的牢固黏着，是指表面不存在氧化膜和其他吸附膜或者这个隔离膜被表面微凸体刺穿，亦即纯净金属直接接触的情况。否则，在单独的法向载荷作用下，即使能产生黏着，这种黏着也是不牢固的。实际上除了在高真空条件下可以得到纯净的金属表面以外，在自然环境中金属表面都不同程度上存在有氧化膜或其他吸附层和化学反应层。

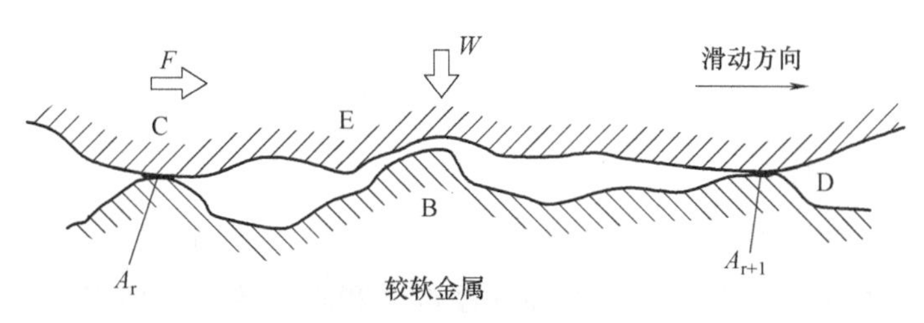

图 3-4　两表面摩擦示意图

对于理想的弹-塑性材料（金属），纯净金属表面在法向载荷作用下表面微凸体塑性变形的实际接触总面积 A_r，可用下式表达：

$$A_r=\frac{W}{\sigma_r} \tag{3-3}$$

式中 W——法向载荷；

σ_r——较软金属的塑性流动压力（金属的屈服压力），约等于硬度值 H。

如果对上述相互接触受载的上表面施加切向力 F，如图 3-4 所示，当黏着点被切向力剪断时，上、下表面便产生相对滑动，这种剪切作用力就是黏着摩擦力。摩擦过程中，塑性接触微凸体的黏着与剪断是不断交替进行的。

设黏着点连接的单位面积上的切应力为 τ，由于是纯金属接触，若不考虑强化效应，则近似地把 τ 看成临界切应力 τ_c。设剪切总面积为 A_r，则黏着摩擦力为

$$F=A_r\tau_c \tag{3-4}$$

由图 3-4 还可以看出：即使在 D 和 C 处发生黏着点剪断，两表面由于有微凸体 B 对 E（或 C）的阻碍作用，还不可能顺利地彼此相对滑动。为了简便起见，这里假定上表面的材料比下表面硬，这时可能出现下列几种情况：

a. 微凸体 E（或 C）通过 B 时，微凸体 B 发生比较严重的塑性变形而黏着。若其黏着点黏着强度比软金属大，则滑移剪断发生在软金属层内，从而造成金属从下表面转移到上表面。

b. 微凸体 B 虽然发生塑性变形，但不严重，因而黏着并不牢固。微凸体 E（或 C）沿 B“犁削”而过，即沿两物体的界面剪断，这时下表面微凸体 B 发生材料迁移变形（犁沟），但不发生上述金属转移情况。

c. 微凸体 B 只发生弹性变形，微凸体 E（或 C）比较容易地滑过 B。

对金属而言，主要是黏着作用，其次是“犁沟”（变形）作用。而材料的弹性变形引起的能量消耗很小，因而对总摩擦阻力的影响很小，故可忽略不计，因此摩擦阻力可用下式表达：

$$F=F_a+F_d \tag{3-5}$$

式中 F_a——黏着摩擦力；

F_d——塑性变形引起材料迁移（即“犁沟”）所需的力。

F_d 的大小主要取决于两滑动表面的硬度差和它们的光滑程度。如果两表面硬度相差不大或微凸体尖头标准曲率半径比微凸体高度大得多，那么 F_d 值就很小，可忽略不计。因此，在大多数情况下，式（3-5）中的 F_a 可看作总摩擦阻力，即

$$F=F_a=A_r\sigma_c \tag{3-6}$$

如果等号两边除以法向载荷 W，则得到滑动摩擦系数的表达式

$$f=\frac{F}{W}=\frac{A_r\sigma_c}{A_r\sigma_y}=\frac{\sigma_c}{\sigma_y} \tag{3-7}$$

式中，σ_c、σ_y 取两种金属中较软一种的值。

这就是纯净金属干摩擦时简单黏着理论的表达式。此结论可解释两条摩擦定律，即摩擦力与名义接触面积无关，摩擦力与载荷成正比。

对于大多数金属来说，$\frac{\sigma_c}{\sigma_y}$的值相差不大，这是因为当两种硬金属发生摩擦时，$\sigma_y$ 很高，σ_c 也很高；而两种软金属摩擦时，σ_y 低，σ_c 也低。故尽管各种金属的力学性能如硬度等相差很大，但摩擦系数却差别不大。

应当特别指出的是：试验表明，在大气中，对于许多金属摩擦副来说，$\sigma_y \approx 5\sigma_c$，则摩擦系数 $f=\frac{\sigma_c}{\sigma_y}\approx 0.2$。实际上，多数金属在大气中的干滑动摩擦系数 $f>0.5$，一般 $f=1$。这说明简单黏着摩擦理论是不充分的，应予以修正。

简单黏着理论预计的摩擦系数值与实际之间之所以出现如此大的差异，主要是该理论忽略了黏着点滑动时接触面积的增加和微凸体塑性变形中冷作硬化造成的影响。

② 修正的黏着理论。

a. 黏着点的增长。简单黏着理论中，只考虑了由法向载荷引起的接触点材料屈服的实际接触面积，没有考虑两表面相对滑动时切向侧推力引起的实际接触面积增大，即 A_r 取决于软金属的屈服压力 σ_y 和法向载荷 W。这个结果对于静接触（固定接触）大致正确，但若对其上表面施加一切向侧推力，实际接触面积便发生横向增长。有人在一个半球形金属滑体和平面之间进行了承载滑动摩擦试验，发现在没有切向侧推力的情况下，接触面积是一个简单的圆形，而后慢慢施加切向侧推力，直至整个半球形金属滑体开始滑动。这时发现，由于黏着点发生塑性屈服，实际接触面积比滑动前约增加 2～3 倍。为说明加切向力会引起接触面积的增长，下面以正应力和切应力联合作用二维应力系为例［图 3-5（a）］，并应用莫尔圆［图 3-5（b）］来求应力系中的最大切应力。由图可得最大切应力值即为莫尔圆半径 R，因此有

$$\left(\frac{\sigma}{2}\right)^2+\tau^2=R^2 \tag{3-8}$$

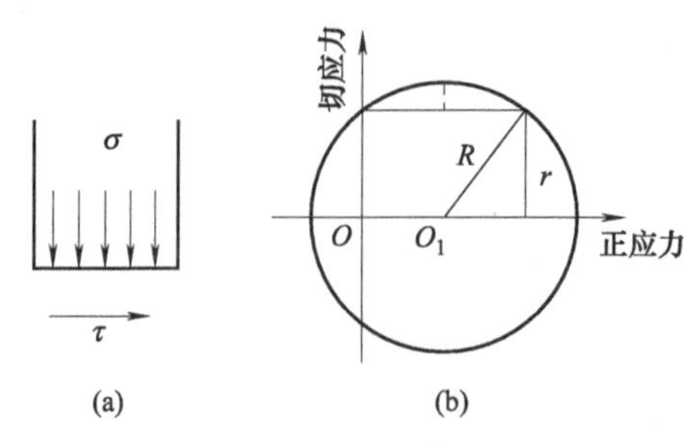

图 3-5　最大切应力莫尔圆解法

现假定在法向载荷 W 和切向力 F_r 联合作用下的接触面积用 A_r 表示，而在法向载荷 W 单独作用下的接触面积由原来的用 A_r 表示改用 A_{r0} 表示，若只有法向载荷作用，则$\dfrac{W}{A_{r0}}=\sigma_y$。这时如果施加切向力，并逐渐增加到 F 值，则由于切向力的作用，黏着点便发生进一步的塑性流动，引起接触面积增加，即黏着点横向扩大。由于实际接触总面积增大，由法向载荷产生的切应力也势必增大，所以黏着点将继续生长，直到复合应力满足上述二维关系时，黏着点才停止增长。在平面变形情况下（二维问题），这时表面材料的屈服条件根据米泽斯条件为

$$\sigma^2+3\tau^2=K^2 \tag{3-9}$$

式中　σ——法向应力；

τ——切应力；

K——待定常数（接近单向应力状态下的屈服极限）。

受剪前（即静止状态时），$\tau=0$，而 $K=\sigma_y$，于是式（3-9）可写成

$$\sigma^2=\sigma_y^2 \tag{3-10}$$

在体积变形情况下（三维问题），由于没有精确解，因此式（3-10）可写成

$$\sigma^2+a\tau^2=\sigma_y^2 \tag{3-11}$$

式中，a 为系数。经验关系式（3-11）已由 Courtney Pratt 和 Eisner 的试验所证实。

由于$\sigma=\dfrac{W}{A_r}$，$\tau=\dfrac{F}{A_r}$，分别代入式（3-11）得

$$\left(\frac{W}{A_r}\right)^2+a\left(\frac{F}{A_r}\right)^2=\sigma_y^2 \tag{3-12}$$

如果 F 增大到很大的值，则黏着点随之继续生长，直到$\dfrac{W}{A_r}$与$\dfrac{F}{A_r}$相比变得很

小。在这种情况下，可以写成

$$a\tau^2 \approx \sigma_y^2 \tag{3-13}$$

此时，可以近似地把 τ 看成临界切应力 τ_c，于是

$$a\tau_c^2 \approx \sigma_y^2 \text{ 或 } a=\frac{\sigma_y^2}{\tau_c^2} \tag{3-14}$$

由于 $\sigma_y \approx 5\tau_c$，因此 $a=25$，而试验得出 $a<25$，例如 Courtney Pratt 和 Eisner 的试验结果 $a=12$，而 Bowden 和 Tabor 假设 $a=9$（相当于 $\sigma_y=3\tau_c$）。在许多情况下，a 的准确值对黏着点面积的影响并不大（图 3-6）。

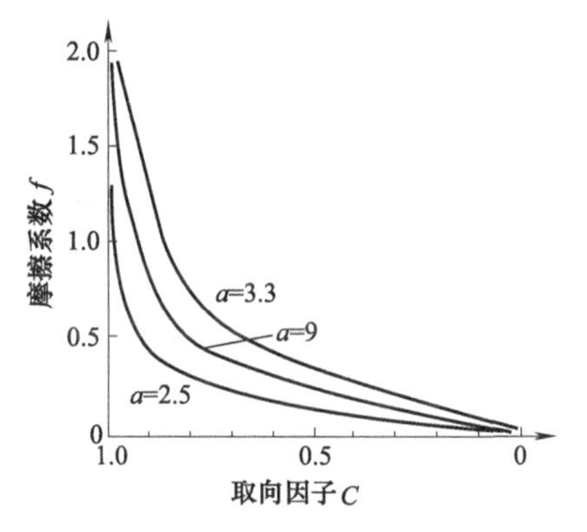

图 3-6　摩擦系数 f 和取向因子 C 的关系曲线

由式（3-12）可以得出

$$A_r^2=\left(\frac{W}{\sigma_y}\right)^2+a\left(\frac{F}{\sigma_y}\right)^2 \tag{3-15}$$

式中，$\frac{W}{\sigma_y}$为简单黏着理论中由法向载荷作用形成的接触面积 A_{r0}，而第二项 $a\left(\frac{F}{\sigma_y}\right)^2$ 表示由切向力（即摩擦力）引起的接触面积的增加。

由式（3-15）得

$$\left(\frac{A_r}{A_{r0}}\right)^2=1+a\left(\frac{F}{W}\right)^2=1+a\varphi^2 \tag{3-16}$$

所以

$$\frac{A_r}{A_{r0}}=\sqrt{1+a\varphi^2} \tag{3-17}$$

上式中，$\frac{F}{W}=\varphi$，且 $\varphi=\frac{\tau}{\sigma}$称为表面黏附系数，而$\frac{A_r}{A_{r0}}=\frac{\sigma_y}{\sigma}$。

根据式（3-16）或式（3-17）可以看出，在法向载荷和切向力联合作用下，实际接触面积 A_r 比只有法向载荷单独作用时有了明显的增加。设 $a=10$ 时，其关系如图 3-7 所示和表 3-1 所列。

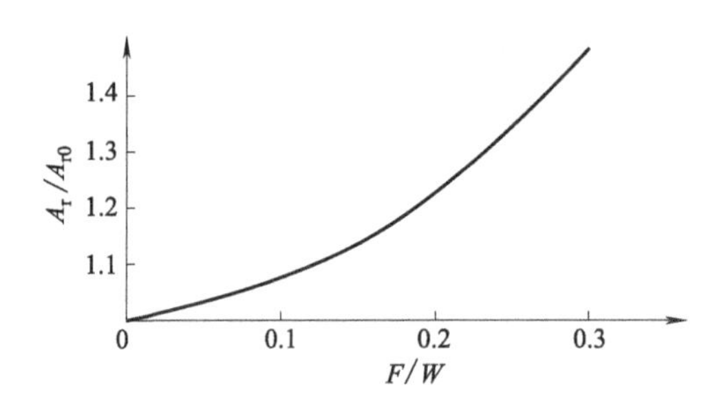

图 3-7 在法向载荷与切向载荷共同作用下接触面积的增长关系

表 3-1 载荷比与接触面积比的关系

$\varphi=\frac{F}{W}$	$\frac{A_r}{A_{r0}}=\frac{\sigma_y}{\sigma}$
0.1	1.048
0.2	1.183
0.3	1.378
0.4	1.612
0.5	1.871
0.8	2.720
1.0	3.331

这里再次指出，以上分析是针对纯净金属（即无表面膜）的接触情况，未考虑材料的强化效应（取决于材料的可塑性）和滑动速度与温度的影响。

另外，对于不同的材料（可塑性不同），受塑性挤压的微凸体在受剪时接触面积增加量可能是不相同的。只有在摩擦系数很大的条件下，滑动时接触面积增加量才很大。

对于弹性接触情况，由于切向力的作用会使切应力最大的一点移向接触体的表面，但弹性接触点在切向力作用下的接触面积增加一般不超过 5%。

b. 摩擦表面工作硬化的影响。金属在塑性变形时都有明显的工作硬化现象，摩擦表面金属亦是如此。摩擦中黏着点的强度往往比摩擦副中较软的金属大，在切向力作用下，两表面相对滑动时，往往不一定沿接触面剪断。由于黏着点材料工作硬化会使切应力增大，亦即摩擦系数（摩擦力）增大，但因随 τ 增大的同时，材料的屈服极限 σ_y 也相应增大，故表面工作硬化最终对摩擦系数 f 的影响远不如对接触面积增长影响大。

3.1.3 摩擦性能的影响因素

影响摩擦的因素很多，不仅取决于摩擦副的材料性质，还与摩擦副所处的环境（力学环境、热学环境、化学环境）、材料表面的状况（几何形貌、表面处理）和工况条件有关。因此材料的摩擦系数不是一个固定的常数，无法直接用公式计算获得。

(1) 摩擦副材料的影响

① 金属的整体力学性能。如抗剪强度、屈服极限、硬度、弹性模量等，都直接影响摩擦力的黏着项和犁沟项。

② 金属的表面性质。表面往往不同于整体，而表面对摩擦的影响更为直接和明显。如表面切削加工引起的加工硬化；表层晶体应变而发生再结晶，使晶粒细化引起表层硬化。

③ 晶态材料的晶格排列。在不同晶体结构单晶的不同晶面上，由于原子密度不同，其黏着强度也不同。如面心立方晶系的 Cu（111）晶面，密排六方晶系的 Co（0001）晶面，原子度高，表面能低，不易黏着。不同的单晶摩擦副，摩擦系数变化很大，见表 3-2。

表 3-2 几种单晶金属在配对滑动时的摩擦系数

摩擦副材料的接触滑动晶面和方向	结晶结构	滑动摩擦系数
Cu(111)[110]/Cu(111)[110]	面心立方/面心立方	21.0
Cu(111)[110]/ Ni(111)[110]	面心立方/面心立方	4.0
Cu(111)[110]/ Co(0001)[1120]	面心立方/密排立方	2.0
Cu(111)[110]/ W(110)[111]	面心立方/体心立方	1.4

由表 3-2 可见，不同结构材料配对的摩擦副比相同材料或相同结构配对的摩擦系数低得多。

④ 金属摩擦副之间的互溶性。由互不相溶金属组成的摩擦副的黏着摩擦和黏着磨损都比较低。

⑤ 合金元素的作用。实际上摩擦副的零件都是合金材料，合金成分可能产生某种偏聚，使表面上的黏着发生变化，以致影响摩擦的大小。如在 Cu-Sn 合金中，Sn 的偏聚使摩擦降低；而在 Fe-Al 合金中，Al 的偏聚使摩擦增大，但在氧化条件下，由于 Al 容易生成氧化膜又能使摩擦降低。

⑥ 材料表面的化学活性。化学活性影响其表面氧化膜的生成速度。

⑦ 材料的熔点。通常低熔点材料易引起表层熔融而降低摩擦。

⑧ 金属的延展性。延展性较差的金属，在切向力作用下，容易被剪断，而不是继续发生塑性流动，所以摩擦力较小。

(2) 温度的影响

摩擦面上引起温升的因素有以下两个：

① 外界温度的升高；

② 在摩擦过程中，接触点处材料的变形和剪断产生大量的摩擦热。

界面上的温度升高，摩擦副表面的热性能（热导率、线胀系数）导致材料力学性能的改变。热膨胀时，摩擦副零件间隙变化而使摩擦磨损加剧。对于熔点低的金属，当摩擦热引起的温升达到金属熔点后，温度就不再升高，此时摩擦系数也不再升高（图 3-8）。而对于一些熔点极高的硬质化合物，一般在高温下滑动时，表面不致发生咬粘。直到某一很高的温度时，摩擦系数才会明显增大。这是由于材料在高温下软化而使延展性增加，同时，界面上扩散剧增而使黏着增强（图 3-9）。这种材料适合做切削刀具。

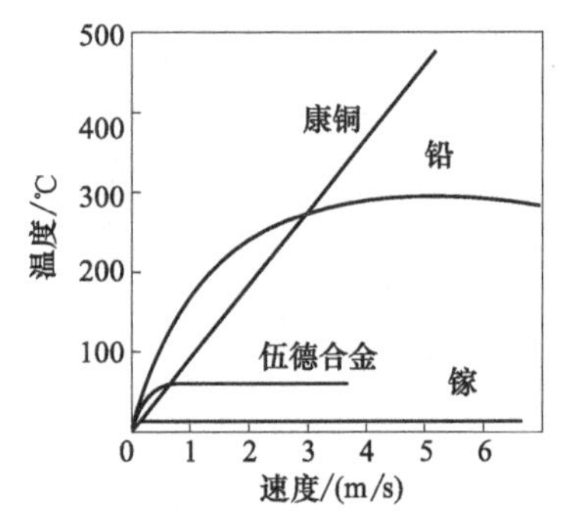

图 3-8　几种软金属对钢滑动时的情况

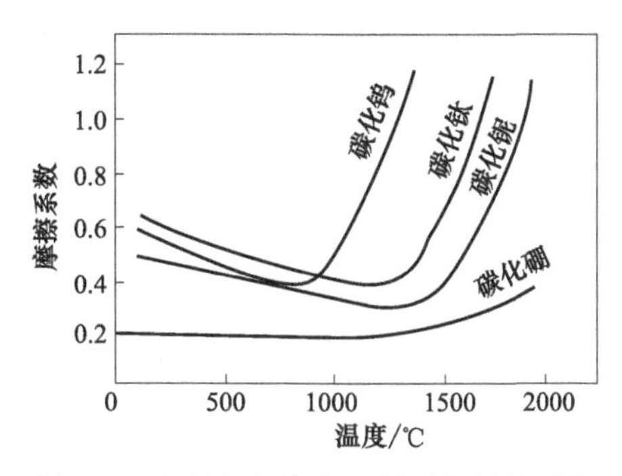

图 3-9　几种碳化物在高温下的摩擦系数

在润滑状态下，摩擦热会使润滑剂的黏度发生变化，容易使油膜厚度变小，导致润滑失效。在边界润滑状态下，摩擦热会导致一些吸附膜解吸，氧化速率增快。

(3) 环境介质的影响

① 周围气氛。一般来说，周围是活性气氛时，易于在金属面上形成吸附或氧化膜。而在惰性气氛或真空中，则不易生成边界膜，摩擦系数通常较高。

② 周围的液体介质。油性介质可使摩擦降低；含硫、磷、氯添加剂的油料，一方面可以生成反应膜降低摩擦，另一方面又可能成为腐蚀剂。液体燃料或氧化剂等介质要视具体成分而定。

③ 辐射环境及离子环境。辐射粒子会破坏有机润滑剂，而离子环境可对金属进行表面改性。

(4) 法向载荷的影响

通常认为摩擦力与法向载荷成正比，但是摩擦系数却不一定随法向载荷的增大而增大。金属材料摩擦副在大气中干摩擦时，轻载下，摩擦系数随载荷的增大而增大，因为载荷增大将氧化膜挤破，导致金属直接接触。不少试验也证明，金属在滑动中，摩擦系数随载荷的增加而减小。这是因为真实接触面积的增大不如载荷增加得快。因此载荷的影响需要根据研究对象的实际工况来分析。

(5) 滑动速度的影响

金属表面的相对滑动速度，不仅影响界面温度，而且与两表面微凸体的相互接触时间有关。当滑动速度很低（包括相对位移前的静态接触）时，表面微凸体接触时间长，有足够的时间产生塑性变形使接触点增大，也有充分的时间在表面膜破裂以后形成牢固的接触点，从而发生界面黏着。因此需要较大的剪切力剪断接触点而产生宏观的相对运动，此时摩擦力（静摩擦）很大。滑动开始后，微凸体相接触的时间随着滑动速度的提高而减少，接触点面积增大不多，表面膜不易破裂，所以界面黏着较少，摩擦系数（动摩擦）比静摩擦小。当滑动速度非常低时，可以明显地看到黏着、滑动的交替出现，即爬行。发生这种摩擦振动现象的根本原因，就在于摩擦系数随滑动速度的增大而减小。当滑动速度较高时，由于界面温升材料表面发生软化或熔化。表面材料与环境的反应加剧，使摩擦系数随速度的增大而增大。可以认为随速度的增大，摩擦系数存在最佳值。

(6) 表面粗糙度的影响

根据机械嵌合理论，表面越粗糙，摩擦阻力越大；而根据分子黏着观点，表面间达到分子能作用的距离内，摩擦系数会增大。因此表面粗糙度有一个最佳值（图 3-10）。此最佳值一般是通过磨合，使磨损和摩擦达到一个低而稳定的值。

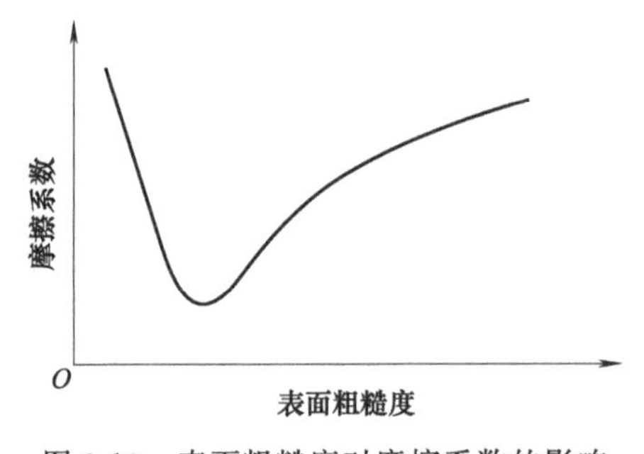

图 3-10 表面粗糙度对摩擦系数的影响

3.2 磨损理论

3.2.1 磨损及耐磨性

(1) 磨损

摩擦引起摩擦表面有微粒分离出来，使接触表面发生尺寸变化，表面材料逐渐损失，机件重量减少，并造成表面损伤，这种现象称为磨损。磨损是造成材料损耗的主要原因。磨损的机理及过程主要是表面材料的变形和断裂。由于磨损过程中必然伴随着磨屑的产生，而磨损产物的形成会受到摩擦热以及润滑条件的影响，因此，机件表面的磨损不是简单的力学过程，而是物理过程、化学过程和力学过程的综合。整个磨损过程具有动态特征，为此，可以将正常运行的机件磨损过程分为以下 3 个阶段。

① 跑合阶段，又称磨合阶段。机件刚开始工作时，接触表面总是具有一定的粗糙度，真实接触面积较小。在此阶段，表面逐渐磨平，真实接触面积逐渐增大，磨损速率减缓，如图 3-11 中 Oa 线段所示。

② 稳定磨损阶段。大多数机件都在此阶段服役，这阶段特点是磨损速率基本恒定。跑合阶段磨合得越好，稳定磨损阶段的磨损速率就越小，如图 3-11 中 ab 线段所示。

③ 剧烈磨损阶段。随机件工作时间增加，机件的接触面间隙增大，机件表面质量下降，润滑条件恶化，引起机件剧烈振动，磨损速率急剧增大，并导致机件很快失效，如图 3-11 中 bc 线段所示。

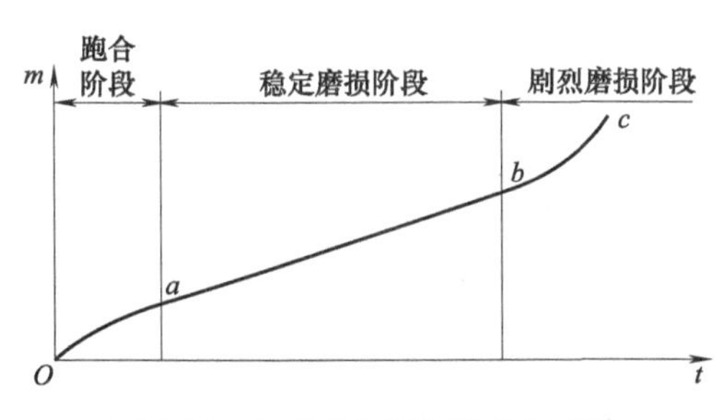

图 3-11　磨损量与时间的关系曲线

(2) 耐磨性

耐磨性是材料抵抗磨损的一个性能指标，通常用磨损量来表示。磨损量既可用试样表层的磨损厚度来表示，如用单位摩擦距离的磨损量表示，称为线磨损量；也可用试样体积或重量的减少来表示，称为体积磨损或质量磨损。另外，如果用单位摩擦距离、单位负荷下的磨损量表示，则称为比磨损量。

此外，还常使用相对耐磨性来反映材料抵抗磨损的能力，用相对耐磨性来评定材料的耐磨性能，可以避免因测量误差或参量变化造成的系统误差，故能较为准确地评定材料的耐磨性能。相对耐磨性 ω 相可用式（3-18）表示：

$$\omega_{相}=\frac{\omega_{s}}{\omega_{x}} \tag{3-18}$$

式中　ω_s——标准试样的磨损量；

ω_x——被测试样的磨损量。

标准试样的磨损量一般采用相同摩擦条件下铅的磨损量。

3.2.2　磨损类型

3.2.2.1　黏着磨损

(1) 磨损机理

黏着磨损又称咬合磨损，它是通过接触面局部发生黏着，在相对运动时黏着处又分开，导致接触面上有小颗粒被拉拽出来，如此反复多次而致机件产生磨损失效。摩擦副表面无氧化膜，且单位法向载荷很大，以致接触应力超过实际接触点处屈服强度而产生的一种磨损。

机件即使经过抛光加工，表面仍然是凸凹不平的。所以当两物体接触时，只有局部接触。因此即使载荷不是很大，真实接触面上的局部应力足以引起塑性变形，两接触面的原子就会因原子的键合作用而产生黏着（冷焊）。随后在相对滑动时黏着点又被剪切而断掉，黏着点的形成和破坏就造成黏着磨损。

黏着磨损过程示意如图 3-12 所示。由图可见，黏着磨损过程分为三个阶段：

① 接触面凸起部分因塑性变形被碾平，并在接触面之间形成剪断强度高的分界面；

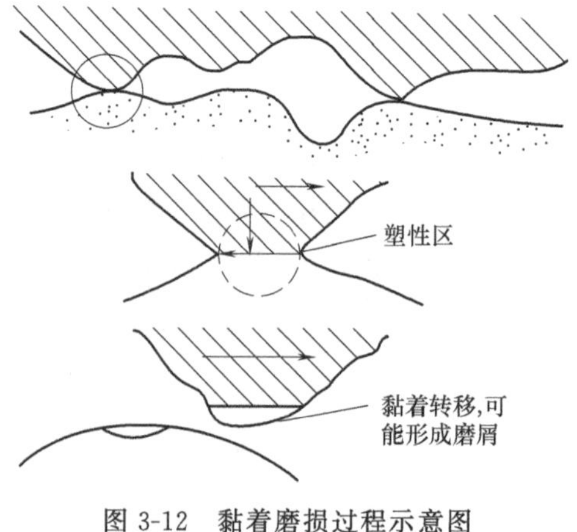

图 3-12　黏着磨损过程示意图

② 在摩擦副较软材料一方远离分界面处发生断裂，从该材料上脱落下碎屑并转移到另一材料表面；

③ 转移的碎屑脱落下来形成磨屑。

图 3-12 所示黏着磨损过程表示黏着点强度比摩擦副一方材料强度高的情况，此时常在较软一方材料内产生剪断，碎片则转移到较硬一方材料的表面上。软方材料在硬方材料表面积累，最后使不同材料间的滑动成为相同材料间的滑动，故磨损量较大，表面粗糙时可能产生咬死现象。铅基合金与钢之间的摩擦属于这种情况。

当黏着点强度比两方材料强度都低的时候，此时会沿分界面断开，磨损量较小。锡基合金与钢的摩擦属于这种情况。

当黏着点强度比两方材料强度都高的时候，剪断既可发生在较软材料内，也可发生在较硬材料内。此时软材料的磨损量较大。

常见的黏着磨损模型有 Archard 模型，如图 3-13 所示。假设单位面积上有 n 个凸起，在压力 P 作用下发生黏着，黏着处直径为 a，且假定黏着点处的材料处于屈服状态，其压缩屈服极限为 σ_{sb}，则：

$$P=n\frac{\pi a^2}{4}\sigma_{sb} \tag{3-19}$$

式中 P——压力；

a——黏着处直径；

σ_{sb}——屈服极限。

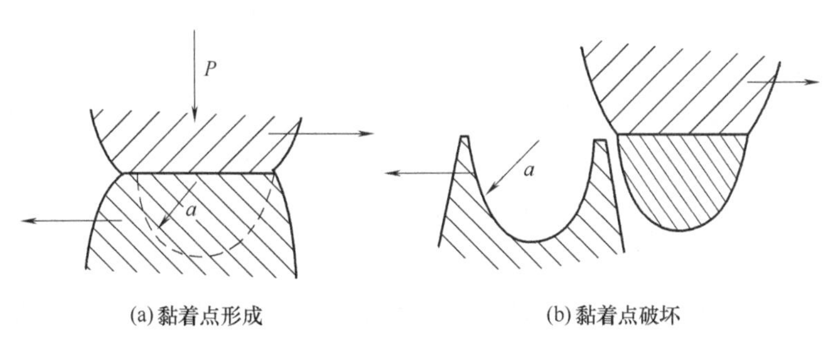

(a) 黏着点形成 (b) 黏着点破坏

图 3-13 Archard 模型

由于相对运动使黏着点分离，一部分黏着点从较软的材料中拽出直径为 a 的半球，并设概率为 K，当滑动距离 L 后，接触面积 S 的磨损量 W 为

$$W=\frac{aKPSL}{H} \tag{3-20}$$

式中　a——系数；

H——软材料硬度。

由式（3-20）可知，黏着磨损量与接触压力、摩擦距离成正比，与软材料硬度（或屈服极限）成反比。从黏着磨损机理来看，增加硬度能减少磨损，同时当材料韧性增加时，由于延缓了断裂过程，也能减少磨损。

(2) 影响因素

材料特性、接解压力、滑动速度等因素对黏着磨损具有较大影响。

① 材料特性的影响。互溶性大的材料组成的摩擦副黏着倾向大；塑性材料比脆性材料易于黏着；单相材料比多相材料黏着倾向大；固溶体比化合物黏着倾向大。

② 接触压力的影响。在摩擦速度一定时，黏着磨损量随法向载荷增大而增加。当接触压力超过材料硬度的 1/3 时，黏着磨损量急剧增加，有时甚至出现咬死现象。因此，设计中的许用压应力必须低于材料硬度的 1/3，以防止产生严重的黏着磨损。

③ 滑动速度的影响。当接触压力一定时，黏着磨损量随滑动速度增加而增大，但达到一定数值后，又随滑动速度的增加而减少。一方面，这可能是因为滑动速度增加时，温度升高使材料强度下降，导致磨损量增加；另一方面，塑性变形不能充分进行而使磨损量减少，两者同时作用使曲线出现极大值。此外，随着滑动速度的变化，磨损类型还可能由一种类型变为另一种类型。例如在钢件的磨损中，当滑动速度很小时，发生氧化磨损，磨屑为红色的氧化物（Fe_2O_3），磨损量很小；当滑动速度较高时，发生黏着磨损，磨屑为具有金属色泽的较大颗粒，此时磨损量显著增大；如果滑动速度进一步增大，又出现氧化磨损，这时磨屑为黑色的氧化物（Fe_3O_4），磨损量又减少。

此外，机件表面的光洁度、摩擦面的温度以及润滑状态等对黏着磨损量也有较大影响。提高光洁度，将增加抗黏着磨损能力；但是光洁度过高，反而因润滑剂不能储存在摩擦面内而促进黏着。温度的影响与滑动速度的影响类似。在摩擦面内保持良好的润滑状态能显著降低黏着磨损量。

3.2.2.2　磨粒磨损

磨粒磨损也称磨料磨损，是由于硬颗粒或硬突起物使材料产生迁移而造成的一种磨损。当摩擦副一方的硬度比另一方硬度大得多时，出现所谓的两体磨粒磨损；当摩擦副接触面之间存在着硬质粒子时，出现所谓的三体磨粒磨损。

根据磨粒所受应力大小不同，磨粒磨损可分为凿削式磨粒磨损、高应力碾碎性磨粒磨损和低应力擦伤性磨粒磨损三类。

按照磨粒与被磨材料的相对硬度，磨粒磨损可分为硬磨料磨损和软磨料磨损。当磨粒硬度高于被磨材料时，属于硬磨料磨损；反之为软磨料磨损。通常所说的磨料磨损即指硬磨料磨损。

磨料磨损机制有以下几种。

(1) 微观切削

磨粒在材料表面上的作用力可分为法向与切向两个分力，法向力使磨料压入表面，切向力使磨料向前推进。当磨粒的形状与位向适当时，磨粒就像刀具一样对表面进行切削，从而形成切屑。切屑的宽度和厚度都很小，故称为微观切削。

(2) 微观犁沟

当磨粒与塑性材料表面接触时，材料表面受磨料的挤压后向两侧隆起，形成犁沟。这种过程不会直接引起材料的去除，但在多次变形后产生脱落而形成切屑。

(3) 微观剥落

磨粒与脆性材料接触时，材料表面因受到磨粒的压入而形成裂纹。当裂纹扩展到表面时就剥落出磨屑。

在实际磨粒磨损过程中，往往是几种机制同时存在，但以某一种机制为主。当工作条件发生变化时，磨损机制也随之变化。

磨粒磨损量的估算模型如图 3-14 所示。在接触压力 P 作用下，硬材料的凸起部分（或圆锥形磨料）压入软材料中。若 θ 为凸出部分的圆锥面与软材料表面间夹角，摩擦副相对滑动了 L 长的距离时，就会使软材料中部分体积（阴影线部分）被切削下来。磨损量 W 为：

$$W=\frac{KPL\tan\theta}{H} \tag{3-21}$$

式中 K——系数；

H——软材料硬度。

可见，材料的磨损量与接触压力和滑动距离成正比，与材料硬度成反比，并且与磨粒形状有关。上述模型只是理想化情况，实际磨损过程要复杂得多。

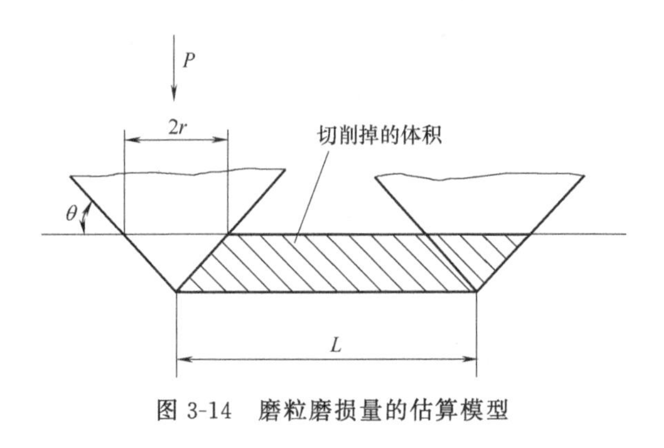

图 3-14 磨粒磨损量的估算模型

3.2.2.3 腐蚀磨损

在摩擦过程中，摩擦副之间或摩擦副表面与环境介质发生化学或电化学反应形成腐蚀产物，腐蚀产物形成和脱落造成的磨损称为腐蚀磨损。腐蚀磨损一般分为化学腐蚀磨损和电化学腐蚀磨损两大类。在化学腐蚀磨损中最重要的一种是氧化磨损。

(1) 氧化磨损

当摩擦副做相对运动时，凸起部分与另一方摩擦接触产生塑性变形，空气中的氧扩散到塑性变形层内，形成氧化膜。由于氧化膜强度低，在遇到第二个凸起时剥落，露出新的表面。新的表面又不断被氧化，形成氧化膜，然后再剥落。如此周而复始，机件表面逐渐被磨损，这就是氧化磨损过程。氧化磨损的磨损产物为红褐色的 Fe_2O_3，或灰黑色的 Fe_3O_4。

氧化磨损的磨损速率最小，仅为 0.1～0.5μm/h。磨损速率取决于所形成的氧化膜的性质和氧化膜与基体材料的结合能力，同时也取决于材料表层的塑性变形抗力。氧化膜的性质主要是指它们的脆性程度。致密而非脆性的氧化膜能显著提高材料的耐磨性。如在生产中广泛采用的发蓝、磷化、蒸汽处理、渗硫以及有色金属的氧化处理等，对于减小磨损速率都有良好效果。氧化膜与基体材料的结合能力主要取决于它们之间的硬度差。硬度差越小，结合力越强。提高基体表层硬度，可以增加表层塑性变形抗力，从而减小氧化磨损。

(2) 电化学腐蚀磨损

电化学腐蚀磨损又称特殊介质腐蚀磨损，是由于材料表面与导电性电解质溶液如酸、碱、盐等介质作用而形成的腐蚀。其腐蚀磨损机理与氧化磨损类似。与氧化磨损相比，腐蚀速率较大，摩擦表面遍布点状或丝状腐蚀痕迹，比氧化磨损痕迹深。磨损产物是酸、碱、盐的化合物。

镍、铬、钛等金属在特殊介质作用下，易形成结合力强、结构致密的钝化膜；钨、钼在500℃以上时表面会生成保护膜。因此，镍、铬是抗腐蚀磨损的元素，钨、钼是抗高温腐蚀磨损的元素。此外，由碳化钨、碳化钛等组成的硬质合金，也具有较高的耐腐蚀磨损作用。

3.2.2.4 微动磨损

两个接触表面之间发生小振幅相对切向运动所引起的磨损现象，称为微动磨损。如键、固定销、螺栓连接等紧配合处，设计中应该静止，但由于受到振动或交变载荷作用会产生相互的微小振动，引起表面间局部的磨损。微动磨损的特征是摩擦副接触区有大量的磨屑，对钢件来说为红色的 Fe_2O_3，对铝或镁合金则为黑色。产生微动磨损时在摩擦面上常见到因接触疲劳破坏而形成的麻点或蚀坑。

微动磨损是黏着、氧化、磨粒和表面疲劳磨损的复合磨损过程，其过程如图 3-15 所示。在第一阶段，法向载荷引起微凸体塑性变形，形成表面裂纹，或发生黏着。第二阶段，黏着点断裂或疲劳破坏形成磨屑，磨屑形成后即被氧化。第三阶段是磨粒磨损阶段，磨粒磨损反过来又加速第一阶段，如此循环往复就构成了微动磨损。

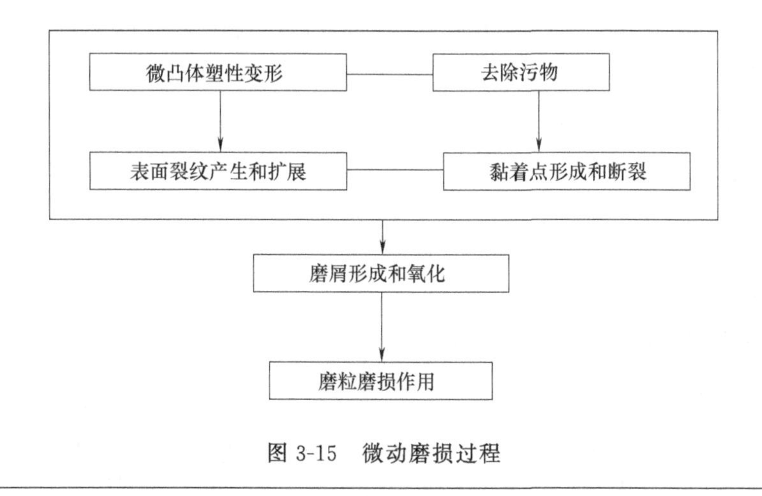

图 3-15 微动磨损过程

在连续振动时，磨屑对摩擦副表面产生交变接触压应力，在微动磨痕坑底部还可能萌生疲劳裂纹。

根据两接触面所处环境和外界作用的不同，微动磨损失效并不一定包含上述所有过程。在微动磨损中，若化学或电化学反应占主要地位，则为微动腐蚀；微动磨损的同时受到循环应力作用，出现疲劳强度降低，则为微动疲劳。

影响微动磨损的因素有材料性能、载荷、振幅、环境及润滑剂等。微动磨损存在临界振幅。在临界振幅以上，磨损量随振幅增加而增加；在临界振幅以下，不会发生微动磨损。当振幅不变时，微动磨损量随着法向载荷的增加而增加。继续增加载荷，则磨损量下降，甚至于微动磨损完全消除。一般来说，材料抗微动磨损能力与其抗黏着磨损能力相似。提高硬度及选择适当配对材料都可减小微动磨损。

3.2.3 磨损的控制和防磨措施

磨损造成的后果十分严重，所以控制磨损和防止磨损的问题十分重要。要有效地控制磨损，必须在准确鉴别磨损类型的前提下，找到有效控制因素，提出有针对性的防磨措施。

3.2.3.1 磨损的有效控制因素

影响磨损的因素很多，但并非都可控。对于摩擦副的设计者，首先，应保证工作参量不致引起磨损由稳态转向严重，即应当尽可能使润滑膜或吸附膜、反应膜等将固体接触表面分隔开。其次，把稳态时的磨损率限制在一定范围内，以满足设计的工作寿命。

常用的有效控制因素有以下几种。

(1) 材料的选择

材料的选择包括配对材料的组分、结构、金相组织和物理、化学性质等。对于不同的磨损类型有不同的要求。

(2) 润滑剂的选择

润滑的主要作用之一是降低磨损，所以要针对可能存在的磨损状况选择合适的润滑剂。应当注意的是：有的润滑剂可能对抗黏着磨损有利，但会引起更严重的氧化磨损，如含极压添加剂的润滑剂。因此选用时一定要权衡利弊。

(3) 表面粗糙度

根据润滑状态（如流体润滑、边界润滑、固体润滑）的不同，选择合适的表面粗糙度。

(4) 机械结构和尺寸设计、安装调试等方面

从机械结构和尺寸设计、安装调试等方面控制磨损，如设计时尽量用大面积接触，以减小接触应力、减少磨损。

(5) 表面温升和冷却

材料的温升是导致摩擦副失效的重要原因，因此改善冷却条件，尽快降低摩擦面的温度是十分重要的，如选用导热性能良好的材料，加大润滑剂流量，增大强制散热面积和增添散热装置等。

3.2.3.2 防磨措施

(1) 润滑

润滑是防磨的有效手段。改善润滑技术，包括正确运用润滑原理、合理设计润滑方式和润滑系统、研制开发新型有效的润滑材料等。

但必须注意的是，某种手段在某工况下适用、有效，并不等于它对任何工况都适用。

(2) 选用耐磨材料

根据不同的磨损类型来选择耐磨材料和摩擦副配对。

(3) 进行表面改性

使用整体耐磨材料通常比较昂贵；另外，有些性能能满足耐磨要求，但不能满足摩擦元件对强度、刚度、韧性等的要求。采用表面改性的方法，可以充分发挥材料表面和芯部不同的作用。

表面改性有以下两方面用途。

① 降低摩擦力。表面改性可改善负荷分布及接触状态。改性后的表面应具有低抗剪强度和润滑作用。通常施加与原表面不同的各种涂镀层。

黏结固体润滑膜：借助黏结剂将固体润滑剂牢固地黏结在摩擦表面上起润滑剂的作用。

物理气相沉积镀层：在真空环境中，用物理方法，在温度场、电场或磁场的作用下，把润滑剂或软金属以气相形式沉积到基底材料表面，得到具有润滑性的薄膜，如溅射 MoS_2 或离子镀 Ag 膜。

化学气相沉积涂层：化合物在高温下气化，然后沉积于在真空室中加热的基底材料上，或在沉积的同时通入反应气体，在表面上形成新的化合物，如 C 膜。

固体润滑剂涂膜：将固体润滑剂直接用软布擦涂到摩擦表面上形成的润滑剂涂层。

电化学沉积膜（包括共析电镀、电泳、化学镀等）：通过电镀或电解等方法将润滑剂和金属一起沉积在基底表面上，如 Au-Cu-Ni-MoS_2、Ni-石墨、电泳 MoS_2 等。

原位化学转化膜：如 H_2S 气体在高温下与镀有 MoO_3 的表面起反应转化为 MoS_2 膜。

摩擦聚合膜：在摩擦过程中，润滑油脂与金属及添加剂作用发生聚合反应形成的固态润滑膜。

Langmuir-Blodgett（LB）膜：是将单分子层连续转移而构成的多层组合膜的总称，如将长链化合物二十二烷酸的单分子层和 MoS_2 一起转移到固体基底表面上起润滑作用。

② 防止表面损伤。改性后得到耐磨的硬表面。常用的有机械强化处理、表面化学处理、常规的金属热处理、化学热处理、热喷涂和等离子喷涂膜等以及近代的物理表面强化技术（包括物理气相沉积、化学气相沉积、激光技术、等离子技术、离子注入和离子束技术等方法）。

3.2.4 高分子材料的磨损

高分子材料在摩擦与磨损性能方面表现优异，因此成为现代摩擦学的重要研究对象。与金属材料相比，既有相同的原理和特性，又有其独特性。用高分子材料制造的耐磨零部件得到了广泛应用，酚醛塑料、聚酰胺塑料、氟塑料、聚甲醛、超高分子量聚乙烯和聚酰亚胺已成为众所周知的抗磨材料，而橡胶制造的轮胎用量极大。

大多数塑料对金属、塑料对塑料的摩擦系数为 0.2～0.4，聚酰胺、聚甲醛、超高分子量聚乙烯有很低的摩擦系数。高分子材料硬度低，因此抗磨粒磨损性能差；高分子材料具有高弹性和塑性变形能力，使其能吸收大量的冲击能量，因此具有良好的抗冲蚀磨损性能。

高分子材料熔点低、导热性差（仅为铜的 0.05%），摩擦产生的热量会导致高分子材料软化和熔融。因此，在黏着磨损中，高分子材料的转移会形成膜层，称为转移膜。转移膜能起润滑作用，因此初始滑动阶段，磨损速率较高，转移膜建立后，磨损速率就趋于稳定。转移膜的产生取决于滑动速度、温度和滑动距离，而与负载关系不大。随着滑动速度和温度提高，转移膜增厚，但存在最大的临界值。

聚四氟乙烯（PTFE）具有极低的摩擦系数，但磨损速率却是一般高分子材料的100倍。其原因在于其特殊的结构。如图3-16所示，分子结构成细丝条带状，表面致密光滑。PTFE既具有容易打滑的低摩擦系数，又具有容易剪切分离的高磨损速率，因此，PTFE用作耐磨和密封零件时，必须增强其力学性能、耐磨性和导热性。

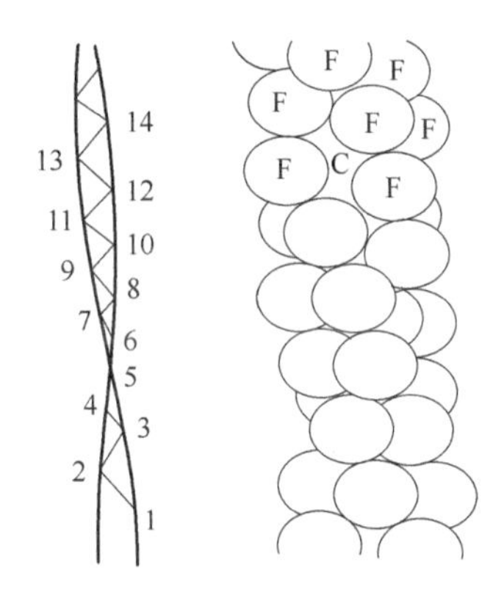

图3-16　PTFE的结构

表面疲劳被认为是高分子材料磨损失效的主要原因。高分子材料表面在交变应力作用下产生大量的微小弹性压痕，它们在各个方向的应变相互作用造成不规则的塑性应变。

3.3 摩擦磨损性能测试

3.3.1 磨损试验方法

磨损试验方法分为实物试验和实验室试验两类。实物试验与实际情况一致，试验结果可靠性高。但这种试验所需时间较长，易受外界环境因素的影响，难以掌握和分析。实验室试验具有试验时间短、成本低、易于控制等优点，但是试验结果与实际结果有一定误差。因此在实际研究中，往往兼用这两种方法。

实验室试验的磨损试验机种类很多，一般可分为以下两类。

① 新生面摩擦磨损试验机，其工作原理如图 3-17 所示。对磨材料摩擦面的性质总是保持一定，不随时间发生变化。图 3-17（a）为摩擦面的一方不断受到切削，使之形成新的表面进行磨损试验；图 3-17（b）为圆柱与杆子型摩擦，摩擦轨道按螺旋线转动而进行磨损试验；图 3-17（c）为平面与杆子型摩擦，使之在不断变更的摩擦轨道上进行磨损试验。切削刀具试样的磨损试验应采用这类试验机。

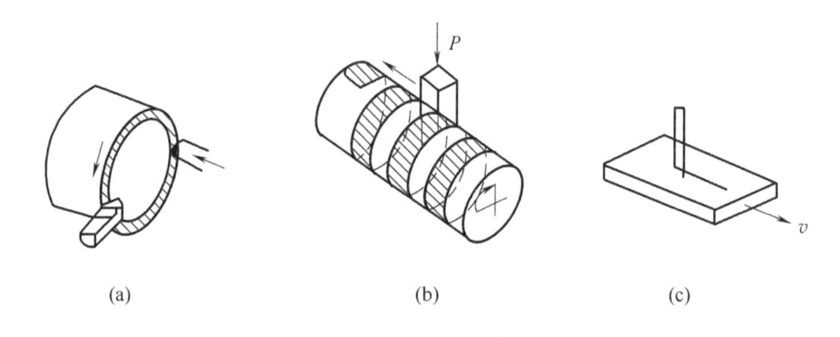

图 3-17　新生面摩擦磨损试验机原理图

② 重复摩擦磨损试验机。这种试验机种类很多，图 3-18 为几种试验机的原理。图 3-18（a）为销盘式摩擦磨损试验机，是将试样加上载荷紧压在旋转圆盘上，试样既可以在半径方向往复运动，也可以是静止的。这类试验机用来评定各种摩擦副及润滑材料的摩擦和磨损性能，也能进行黏着磨损试验。在抛光机上加一个夹持装置和加载系统即可制成此种试验机。图 3-18（b）为销筒式试验机，采用杆状试样紧压在旋转圆筒上进行试验。图 3-18（c）为往复运动式试验机，试样在静止平面上做往复运动，用来评定往复运动件如导轨、缸套与活塞环等摩擦副的耐磨性。图 3-18（d）为 MM 型磨损试验机，该试验机主要用来测定金属材料在滑动摩擦、滚动摩擦、滚动和滑动复合摩擦及间隙摩擦情况下的磨损量，用来比较各种材料的耐磨性能。图 3-18（e）为砂纸磨损试验机，与图 3-18（a）相似，只是对磨材料为砂纸。图 3-18（f）为快速磨损试验机，旋转圆轮为硬质合金，能迅速获得试验结果。

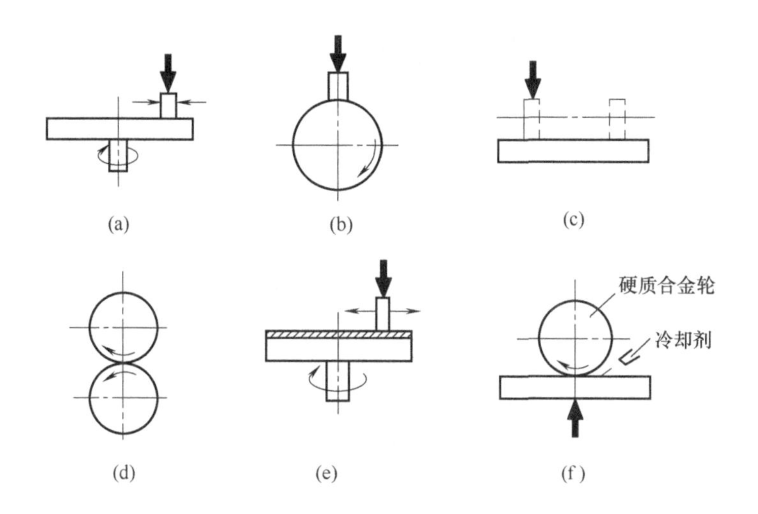

图 3-18　重复摩擦磨损试验机原理

磨损量的测定方法有称重法、测长法、压痕法、表面形貌测定法、铁谱法等。通常采用称重法和测长法来确定磨损量。

称重法采用分析天平称量试样在试验前后的重量变化来确定磨损量，称量前需对试样进行清洗和干燥，测量精度为 0.1mg。

测长法采用测微卡尺或螺旋测微仪测量摩擦表面法线方向的尺寸变化来确定磨损量。测长法用于磨损量较大的情况。

压痕法采用专门的金刚石压头，在磨损零件或试样表面上预先刻上压痕，测量磨损前后刻痕尺寸的变化，以此确定磨损量。压痕法能测定机件不同部位磨损的分布。

表面形貌测定法利用触针式表面形貌测量仪，测出机件磨损前后表面粗糙度的变化。主要用于磨损量非常小的超硬材料磨损或轻微磨损情况。

铁谱法利用高梯度磁场将润滑油中的磁性磨屑分离出来进行分析，可对机器运转状态进行监控。其工作原理如图 3-19 所示。用泵将油样低速输送到处理过的透明衬底（磁性滑块）上，磨屑就会在衬底上沉积下来。沉淀在衬底上的磨屑近似按尺寸大小分布。磨屑的大小、数量、分布采用光学密度仪测量。若磨屑数量保持稳定，则机器属于正常运行；若磨屑数量迅速增多，则表示机器开始剧烈磨损。

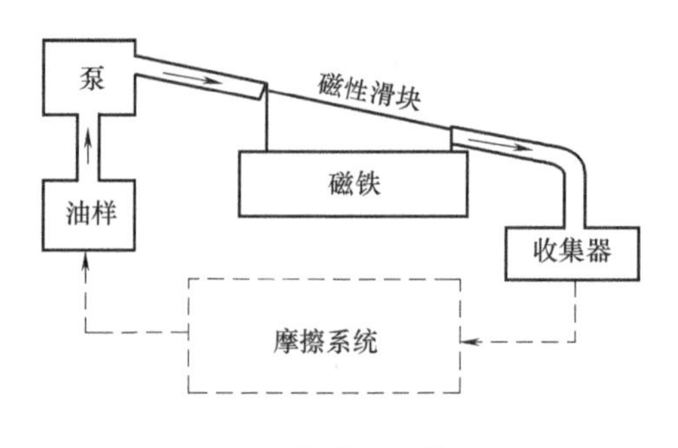

图 3-19　铁谱法工作原理

3.3.2 摩擦磨损试验设备

摩擦磨损试验的目的在于研究各种因素对摩擦磨损的影响，从而合理地选择配对材料，采用有效措施降低摩擦、磨损，正确设计摩擦副的结构尺寸及冷却设施等。

实验室设备主要用于摩擦磨损的基础研究，研究工作参数（载荷、速度等）对摩擦磨损的影响，可以得到单一参量变化与摩擦磨损过程之间的关系，还可控制试验环境（如加润滑剂或材料、剂量和组分及润滑方式）、周围气氛（惰性气氛、真空、温度、特殊介质），求得特定环境条件下的结果。

研究者需要选择合适的试验设备和试验条件。试验设备有各种不同的摩擦形式、接触形式和运动形式，有不同的主变参数（载荷、速度）和可测结果（摩擦系数、磨损）。

① 摩擦形式：滑动摩擦、滚动摩擦及滚动-滑动混合摩擦。

② 接触形式：点接触、线接触和面接触。

③ 运动形式：旋转运动和直线运动，又各自有单向和往复两种形式。

可将这些形式排列组合成不同的试验设备。下面介绍几种常用的实验室摩擦磨损试验设备。

(1) 滚子式磨损试验机

图 3-20 为滚子式磨损试验机的原理示意图，它模拟齿轮啮合、活塞环与缸套、火车车轮与钢轨类摩擦形式的磨损。国产 MM-2000 型磨损试验机属于此类型。它

可用来测定金属或非金属的磨损及摩擦系数。主要进行滑动、滚动，或者二者复合运动。

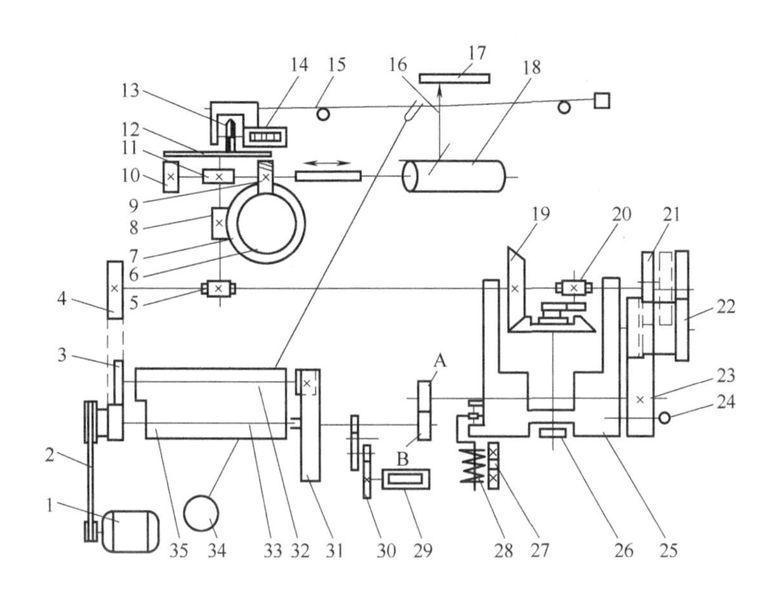

图 3-20 滚子式磨损试验机原理示意图

A—上试样；B—下试样；1—双速电动机；2—三角带；3,4—齿轮；5,7,8—蜗杆副；6，11—螺旋齿轮；9,10—移动螺旋齿轮；12—测功圆盘；13—小滚轮；14,29—计数器；15—滑杆；16—指示器及记录笔；17—摩擦力矩标尺；18—记录筒；19—圆锥齿轮；20,23,30—齿轮；21—移动齿轮；22—双联齿轮；24—固定销；25—摇摆头；26—偏心轮；27—载荷标尺；28—载荷弹簧；31—内齿轮；32—摆动轴；33—摆架支承；34—平衡力矩重锤；35—摆架

(2) 环块磨损试验机

环块磨损试验机有国产 MHK-5000 型磨损试验机，其结构示意图见图 3-21，它是在滑动摩擦条件下进行金属或非金属材料的耐磨性评定及摩擦系数的测定，亦可进行润滑剂作用下负荷能力和摩擦特性的测定。

(3) 旋转圆盘-销式磨损试验机

图 3-22 为旋转圆盘-销式磨损试验机结构示意图。该试验机上试样由销子固定，下试样圆盘可旋转，试验精度较高，易实现高速，并可加套炉子，进行低温或高温摩擦与磨损性能试验。国产 MD-240 型磨损试验机是该形式的试验机。

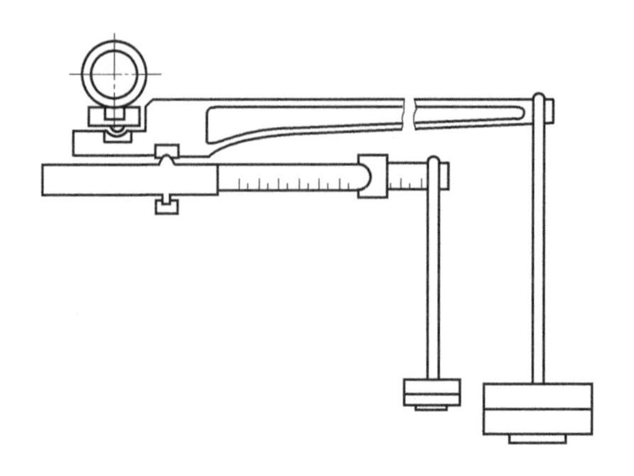

图 3-21　MHK-5000 型环块磨损试验机结构示意图

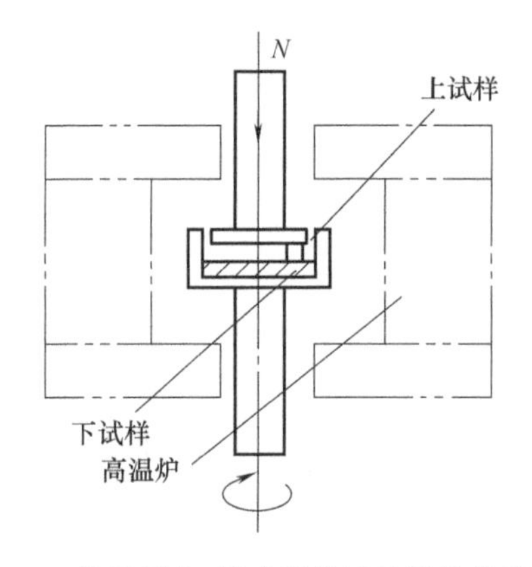

图 3-22　旋转圆盘-销式磨损试验机结构示意图

(4) 往复式摩擦、磨损试验机

图 3-23 为国产 MS-3 型往复式磨损试验机的结构示意图，它适用于试验导轨、缸套、活塞环等摩擦的试验。

(5) 四球式摩擦、磨损试验机

图 3-24 为国产 MQ-12 型四球式摩擦、磨损试验机结构示意图。该试验设备中三个钢球由滚道支承，试验球则支承在三球上。主动轴带动试验球自转，试验球带动支承球自转与公转。该机可用来测定摩擦系数和进行接触疲劳试验。

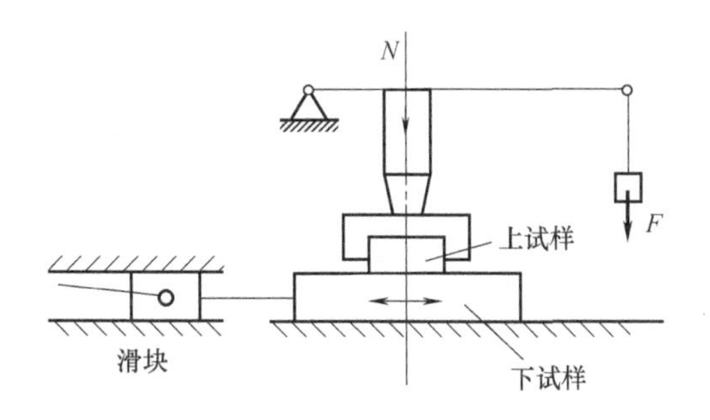

图 3-23　MS-3 型往复式磨损试验机结构示意图

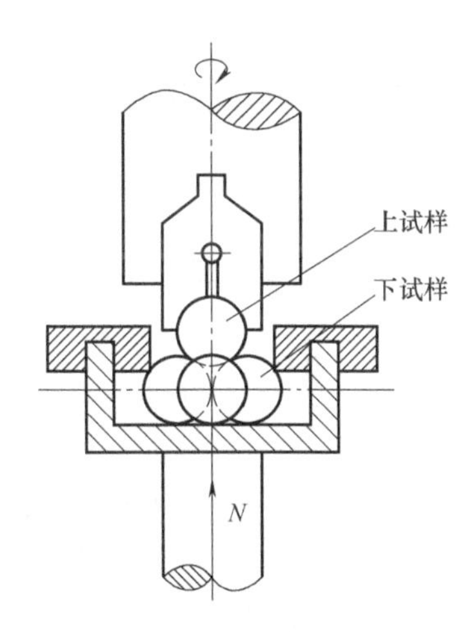

图 3-24　MQ-12 型四球式摩擦、磨损试验机结构示意图

(6) 接触疲劳试验机

图 3-25 为国产 ZYS-6 型接触疲劳试验机结构示意图，它主要用于轴承钢的接触疲劳试验。

(7) 湿磨料磨损试验机

图 3-26 为湿磨料磨损试验机结构示意图。试验机主轴带动旋转体旋转，12 片试样安装在旋转体周围。试验时，试样在沙与水的混合物中旋转，可模拟犁铧砂泵以及水轮机叶片的工作条件。

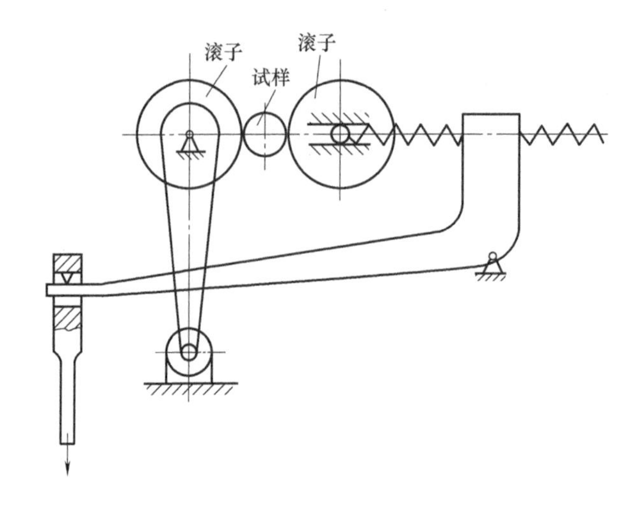

图 3-25　ZYS-6 型接触疲劳试验机结构示意图

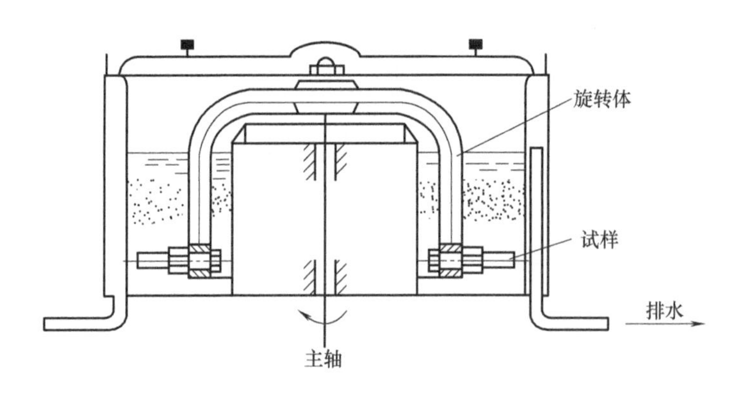

图 3-26　湿磨料磨损试验机结构示意图

3.3.3 MWF-500 往复式摩擦磨损试验机

(1) 设备简介

MWF-500 往复式摩擦磨损试验机如图 3-27 所示。本试验机主要用于金属摩擦性能的研究而进行往复摩擦磨损试验，测试精度高，可靠性强。该试验机主机由往复运动工作台、往复运动伺服系统、试验力自动加载系统和摩擦力测量系统构成。

(2) 工作原理

伺服驱动机构驱动摩擦副进行直线往复运动，试验力由伺服系统自动施加到相对静止的摩擦副试样上，试验力的大小由伺服系统和力传感器共同调整设定加载到摩擦副试样上，加压强度在5～500N范围内可任意设定，由伺服驱动机构带动摩擦副进行往复运动，通过试验测控系统进行摩擦测试过程，从而测得在一定条件压力下的摩擦力及其摩擦系数。摩擦力、摩擦系数、摩擦时间等试验参数均可由操作者在计算机界面上任意设定并由计算机实时控制并显示，且可绘制相应参数曲线存盘并打印输出试验报告。

图 3-27　MWF-500 往复式摩擦磨损试验机

(3) 主要技术参数

① 试验力（正压力）范围：1～500N。

② 试验力测量精度：±1%；摩擦系数测量精度：1%。

③ 往复试验行程：最大20mm（且行程范围可调）。

④ 摩擦力测量范围：1～100N；测量精度：1%。

⑤ 最大往复速度：1～300次/min（可调）。

⑥ 试验周期控制范围（试验转数）：1～109任意设定。

⑦ 试验时间控制范围：1～9999（min）。

⑧ 试验界面显示温度、摩擦力、摩擦系数、正压力等参数，计算机实时控制

处理并绘制试验曲线（所测量试验数据自动保存为 Excel 文件，可供提取及后续分析）。

⑨ 满足矩形下试样的往复摩擦磨损试验［上试样有两种规格：eq \ o \ ac（○，1）1 圆柱销；eq \ o \ ac（○，2）2 球。可进行销-下试样面接触往复摩擦试验，也可进行球-下试样点接触往复摩擦试验］。

⑩ 往复摩擦副一套（注：HXSY600 型球夹持器 2 套，其球内径在 4～10mm 范围内可调）。

⑪ 面压加压（HXSY750 伺服缸自动加载）系统一套。

⑫ HXSY300 型往复运动工装一套。

⑬ 往复式摩擦磨损试验机 HXZY8000 测控系统（含软件）一套。

⑭ 计算机一台。

⑮ 外形尺寸：980mm×800mm×1608mm。

⑯ 电源：220V，50Hz，3.5kW。

(4) 更换试样

更换上摩擦体：

① 用纸张或其他遮挡物将下方升降平台空隙全部遮挡。

② 使用工具将夹具松开，在松开夹具的同时，手扶摩擦体及内螺栓以防掉落丢失。

③ 去除摩擦体更换另一摩擦体时，需将内螺栓放入空腔内再安装摩擦体，使用工具将夹具夹紧。

更换下摩擦体：

① 使用工具松开螺栓，取下工件。

② 更换工件后，夹紧工件并上紧螺栓。

注：平台自带的螺栓尽量不动。

(5) 操作流程

① 先打开总电源开关，再开启电动机电源开关。

② 开启计算机，打开软件，查看试验机与电脑是否连接。

③ 设置试验条件，并根据需要更换试样及试验条件，将所有的传感信号值清零并应用，最后开始试验。

(6) 注意事项

① 开机前，应仔细阅读机床使用说明书，熟知每个按键、按钮及操作系统中

各项操作功能。

② 当操作过程中出现异响、振动和噪声等故障时应立即停机，必要时可强制停机。

3.3.4 MS-T3000 摩擦磨损试验仪

(1) 设备简介

MS-T3000 摩擦磨损试验仪主要用来对材料表面及薄膜的摩擦性能和耐磨强度进行定量的评价。主机总体结构如图 3-28 所示。

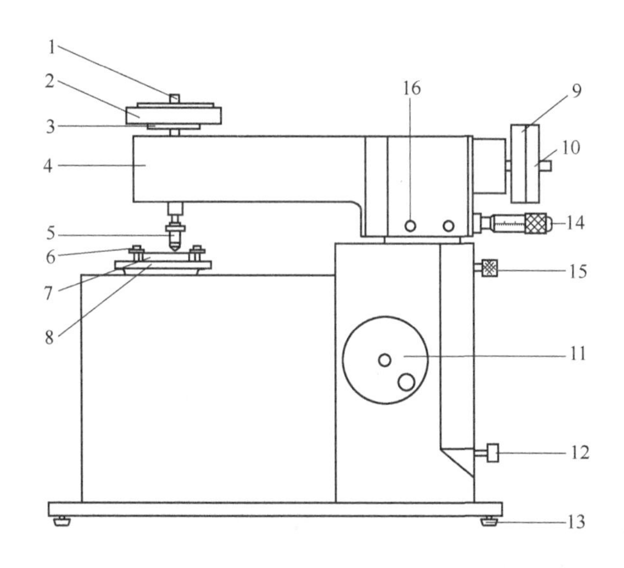

图 3-28 MS-T3000 摩擦磨损试验仪主机总体结构

1—砝码定位杆；2—砝码；3—砝码托盘；4—载入梁；5—摩擦副夹具；6—试样固定螺钉；7—试样；8—旋转测试台；9—载入梁平衡砝码；10—载入梁平衡砝码锁；11—载入梁升降调整转轮；12,15—载入梁定位螺钉；13—调平底脚；14—旋转半径调节；16—旋转半径固定螺钉

(2) 工作原理

MS-T3000 摩擦磨损试验仪运用球-盘之间摩擦原理及微机自控技术，通过砝码加载机构将负荷加至球上，作用于试样表面，同时试样固定在测试平台上，并以一定的速度旋转，使球摩擦涂层表面。通过传感器获取摩擦时的摩擦

力信号，经放大处理，输入计算机经 A/D 转换将摩擦力信号通过运算得到摩擦系数曲线。

$$\mu=\frac{F}{N} \tag{3-22}$$

式中 μ——摩擦系数；

F——摩擦力；

N——正压力（载荷）。

通过摩擦系数曲线的变化得到材料或薄膜的摩擦性能和耐磨强度，即在特定载荷下，经过多长时间（多长距离）摩擦系数会发生变化，此时薄膜被磨损并通过称重法得到材料表面磨损量。

(3) 主要技术参数

① 载入范围：10～2000g，精度 0.1g。

② 平台转速：1～3000rad/min，精度±1rad。

③ 升降高度：20mm。

④ 测量厚度范围：1～10mm。

⑤ 旋转半径：3～10mm。

⑥ 压头：ϕ3～6mm 钢珠。

⑦ 测试操作：键盘操作，微机控制。

⑧ 静电测量组件（可选）：

a. 测量范围：0～±1999V。

b. 显示分辨率±1/2000V，最小显示分辨率可达 1V。

c. 准确度：优于 2%读数±1 字。

d. 品质：-2kg。

e. 电源：220V AC 50Hz。

f. 工作环境：0～40℃，90% RH。

g. 真空组件：0～0.08MPa。

h. 加热温度：室温-200℃。

(4) 使用流程

① 打开计算机机箱后面板电源开关，开启计算机电源，进入 WINDOWS 接口，预热 10min。然后点击 MS-T3000 摩擦磨损试验仪，进入 MS-T3000 主界面，如图 3-29 所示。

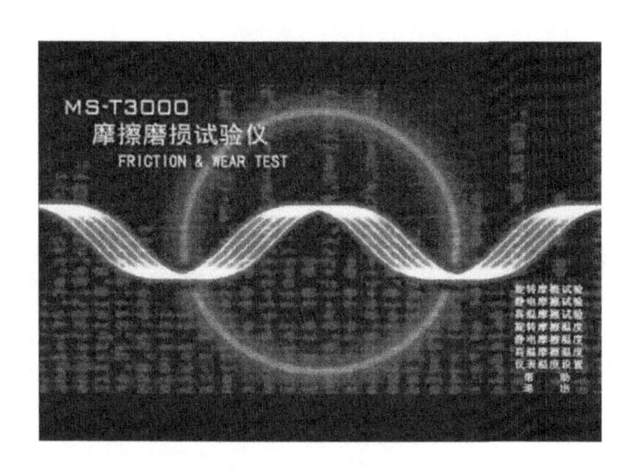

图 3-29　MS-T3000 摩擦磨损试验仪主界面

② 试运行：设定转速 10r/min，点击开始，试验将以 10r/min 的速度正常运转，运转 1min 后自动停止，表示仪器运转正常。

③ 试样放置：

a. 松开悬梁定位旋钮，将悬梁顺时针转动 45°，将试样用固定螺钉固定在测试台。若试样太小，直径小于 ϕ20mm 或长×宽小于 20mm×10mm，则需另做特殊夹具，将试样固定在夹具上，再将夹具固定在测试台上。

b. 手动旋转测试台或设定转速在 10r/min，轻施切向力，观察压头是否碰撞紧固件及压头有无移出测试件。

c. 调整载入梁平衡，在不加任何载荷的情况下，旋转调整载入梁平衡砝码，使载入梁达到平衡，锁紧载入梁平衡砝码。

④ 条件输入：样品编号、材料名称、试验载荷、试验时间、测量半径、转速设定、调零和摩擦系数保护值设定等。

⑤ 保存资料并退出。

(5) 注意事项

仪器应放置在干燥、无污染的环境中，在运行一年后，在仪器的旋转部位和滑动部位添加润滑脂。仪器平时应加防护罩，螺杆部位应经常涂抹润滑油，以防生锈，每次使用完毕后，仪器应擦拭干净，保持仪器清洁，以防磨屑掉入旋转轴承，并给仪器加防尘罩。仪器如长期不用，应放置在干燥的环境内（湿度 50%以下）或防护罩内加干燥剂。

3.4 材料耐磨性能的表征分析

3.4.1 磨损量的测量

磨损试验后，要确定其磨损量就一定要有最适宜的磨损量测量方法，下面就目前常用和特殊的几种方法进行介绍。

(1) 称重法

测量磨损试验前后试样重量变化，其差数即为磨损量。最常用的测量器具是感量为万分之一克的分析天平。对于一些磨损量较大或本身质量太大的试样，分析天平称量的总重量不够时，可由感量千分之一克的天平或百分之一克的工业天平代替。称重法不适用于磨损量极微小的磨损样品的测量。

(2) 测长法

使用适当精度的长度测量器对磨损试验前后的摩擦表面法向尺寸进行测量，其差数即为磨损量。测量器具可以是千分尺、指示百分表、指示千分尺、测长仪、比较仪读数显微镜、电子量仪或气动量仪。选用器具要根据磨损样品的大小、形状及磨损量大小进行。对于磨损量在微米级的极小样品，测量时应在恒定条件下进行。

(3) 微观轮廓法

试验前后在摩擦表面上同一部位记录其微观轮廓起伏曲线，即测定同一部位轮廓线的试验前后变化量，根据其变化量来确定磨损量。它主要用于磨损量极微小的样品。测量器具是表面粗糙度轮廓仪。

(4) 人工测量基准法

这种方法是在磨损试样表面上人为地做一个测量基准——凹痕，用试验前后凹痕的变化来确定磨损量。这种人工测量基准法适用于磨损量较小的磨损样品的磨损量测量。按人工基准形成方法不同又可分为三种：

① 压痕法。用维氏硬度计的金刚石压头锥体在磨损试样的摩擦表面上压出凹痕，如图 3-30 压痕法测量示意图所示。

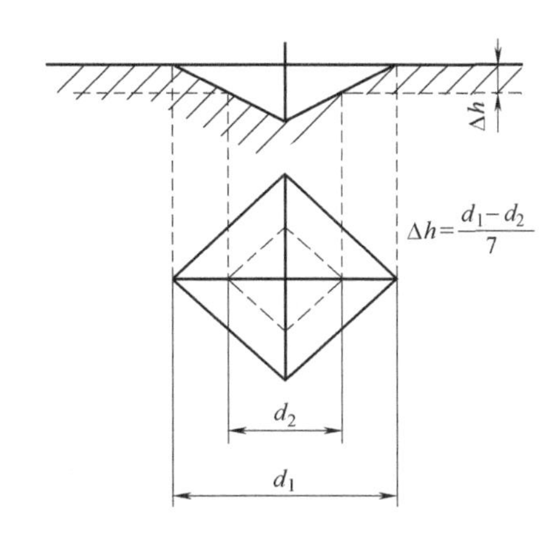

图 3-30　维氏硬度压痕法测量示意图

其磨损量即是磨损试验前后压痕对角线的变化差 d_1-d_2。对于维氏硬度压痕来说，对角线长度与压痕深度又有 7∶1 的关系，所以磨损量一般以压痕深度变化来衡量。如式（3-23）所示。

$$\Delta h=\frac{d_1-d_2}{7} \tag{3-23}$$

式中　Δh——磨损量；

d_1——磨损试验前压痕对角线平均值；

d_2——磨损试验后压痕对角线平均值。

② 台阶法。在磨损试样的摩擦表面边缘加工一凹陷台阶，其试验前后台阶高度的变化即为磨损量。

③ 切槽磨槽法。它是利用一个旋转的刀具或小砂轮片在磨损试样的摩擦表面上切削出一个月牙形的凹槽，如图 3-31 所示。

平面或沿圆柱母线分布的凹槽的测量计算公式如式（3-24）所示。

$$\Delta h=\frac{l_1-l_2}{8r} \tag{3-24}$$

式中　Δh——磨损量；

l_1——试验前月牙槽长度；

l_2——试验后月牙槽长度；

r——刀具旋转半径。

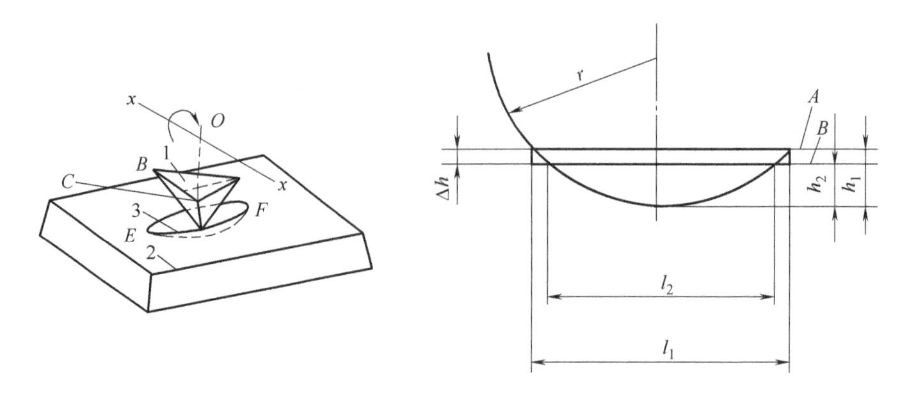

图 3-31　切槽磨槽法测量磨损量示意图

应当注意的是，这种切槽法测量磨损量，对于在试验过程中表面会发生明显塑性变形的材料以及应力很大会引起严重应力集中而降低强度的部位不适用。

(5) 化学分析法

此法是利用化学分析来测定磨损试验摩擦偶件落在润滑剂中的磨损产物的含量，从而间接测定磨损速度。因为磨损试验时，金属磨屑不断掉入润滑剂中，润滑剂中的金属含量就不断增加，只需知道润滑剂的总量，便可每隔一定时间从油箱中取油样分析出单位体积的润滑剂的金属含量，得出每段时间的磨损速度。

(6) 放射性同位素法

此方法的基本原理是首先使磨损试验的试样带有放射性，或嵌入放射性物质，这样，在磨损过程中，落入润滑剂油中的磨损产物也具有放射性，因此可以利用计数器（盖革计数器或闪烁计数器等）确定润滑油中的放射性强度。通过标定，可换算成相应的磨损量。这种方法灵敏、迅速，可测微量磨损，但需特殊的防护措施及测量仪器。

(7) 运转特性改变法

根据试样或零部件运转特性的改变，来决定磨损程度。它是一种间接而综合地判定磨损的方法。如利用密封件泄漏量的改变等。

3.4.2 摩擦温度的测量

摩擦时，接触表面温度高低和分布情况对摩擦磨损性能影响很大，因此测量摩擦表面温度很重要。测量摩擦副表面温度的主要方法有热电偶和远红外辐射测温法，如图 3-32 所示。但就目前的技术水平而言，对摩擦表面的温度进行精确的测量仍很困难。

如图 3-32（a）所示，原则上可以直接从摩擦界面上取得信息。但是这个信息可能受到例如由润滑油添加剂的作用所产生的界面电动势的影响，而且在多触点的循环电流可能也有影响。如图 3-32（b）所示，不可能直接从摩擦界面取得温度信息。因此，有时便设法确定温度梯度，即在离界面不同距离的地方插入几个热电偶并用这些测量值来推断摩擦界面的温度。事实上，近界面处温度梯度变化很大。

远红外辐射测温是利用物体辐射强度随温度变化的物理现象来测量温度的。它是一种非接触式测温。因为它与摩擦表面不接触，而且反应速度快，灵敏度高，有利于测量运动件表面温度及摩擦温度分布。不过这种方法只应用于摩擦副表面暴露的部分［图 3-32（c）］或者透明的偶件［图 3-32（d）］。

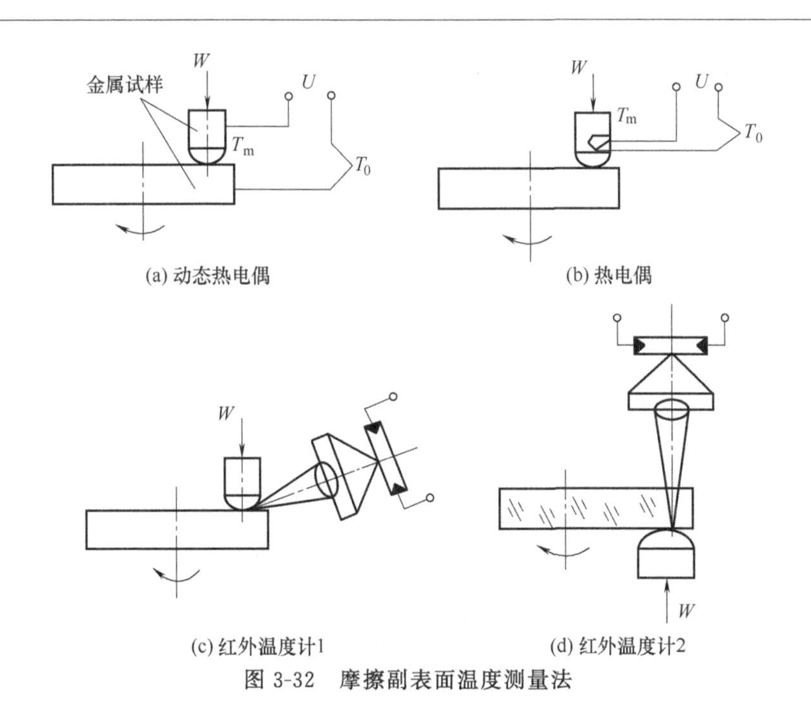

图 3-32　摩擦副表面温度测量法

3.4.3 摩擦系数的测量

摩擦系数大小是表示摩擦材料特性的主要参数之一。摩擦系数 f 分为静摩擦系数 f_s 和动摩擦系数 f_k（一般直接用 f 表示）。一般情况下，测定动摩擦系数比较困难，如高真空、高压等条件下的摩擦只测定静摩擦系数。

(1) 静摩擦系数的测定方法

当测定材料在一定配对条件下的静摩擦系数时，最简单的方法是倾斜法和牵引法。

① 倾斜法。把被测物体放在对偶材料的斜面上（图 3-33），逐渐增大斜面倾斜度，当被测物体开始滑动时，其斜面的倾斜角即为摩擦角，静摩擦系数为 $f_s=\tan\theta$。

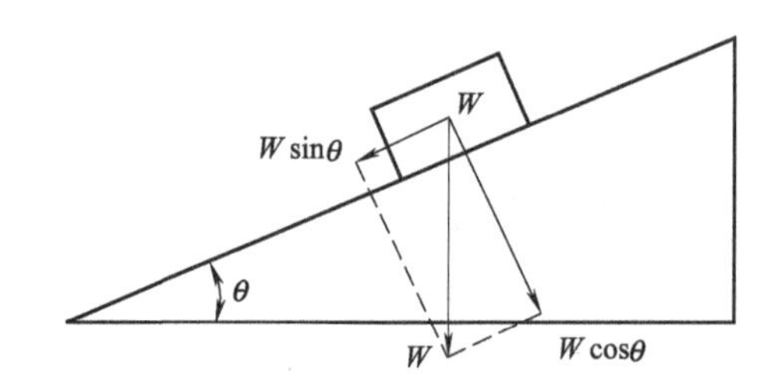

图 3-33 倾斜法测定摩擦角

② 牵引法。把重量为 W 的被测物体放在如图 3-34 所示的对偶材料 B 的平面上。电动机通过蜗轮蜗杆减速缓慢地带动齿轮齿条机构，使对偶材料 B 平稳且缓慢向左移动，在摩擦力作用下，物体也随之移动并拉伸弹簧。当弹簧拉伸到一定程

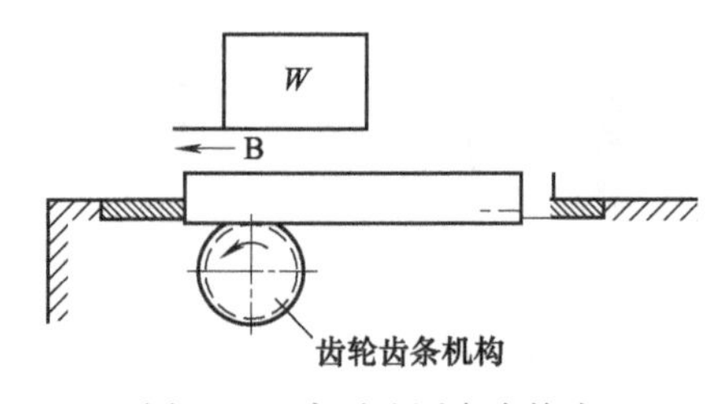

图 3-34 牵引法测定摩擦力

度时，被测物体和B发生相对移动，此时应变梁上应变片的应变量通过仪表反映出的最大力 F，即为静摩擦力。静摩擦系数 $f_s=\frac{F}{W}$。

(2) 动摩擦系数的测定方法

常用测量连续摩擦时的摩擦力变化来求得摩擦系数，主要测量方法如下：

① 重力平衡法。Amsler 机或 MM-200 试验机上所采用的就是此法，如图 3-35 所示。载荷 W 通过上试件 1 加到下试件 2 上。下试件旋转，上试件固定。摩擦副之间没有摩擦时，平衡砝码杆处于铅垂位置。有摩擦时，平衡砝码杆通过齿轮测力机构产生一定的偏摆，从标尺 6 上可读出由偏摆产生的摩擦力矩。由此摩擦力矩可以换算出试件上的摩擦力。

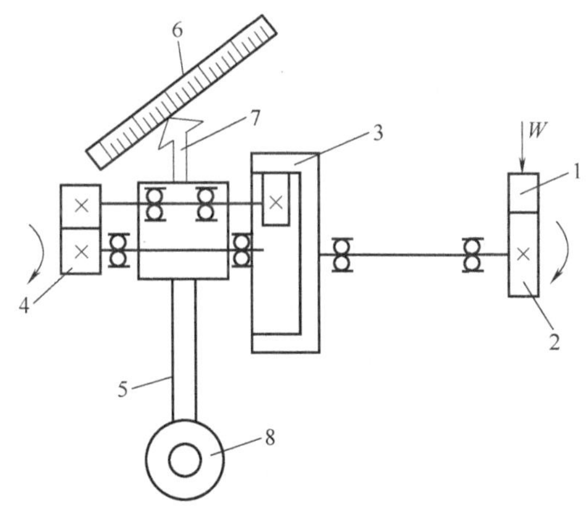

图 3-35　重力平衡法测定摩擦力

1,2—试件；3—外齿轮；4—行星齿轮；

5—平衡砝码杆；6—标尺；7—指针；8—砝码

② 弹簧力平衡法。如图 3-36 所示。当下试件 4 转动时，由于摩擦，上试件将会有沿着 F 方向运动的趋势，从而使弹簧 3 变形。通过测量弹簧的变形，可计算出摩擦力的大小。用杠杆加砝码的方法来代替弹簧测摩擦力（或力矩），也在许多试验机上应用，如 Timken 型试验机上的测量机构。

(3) 电测法

把压力传感器附加到测力元件上，将摩擦力（或力矩）转换成电量（电信号），输入到测量和记录仪上，自动记录下摩擦过程中摩擦力的变化。这种方法目前已普遍得到应用。

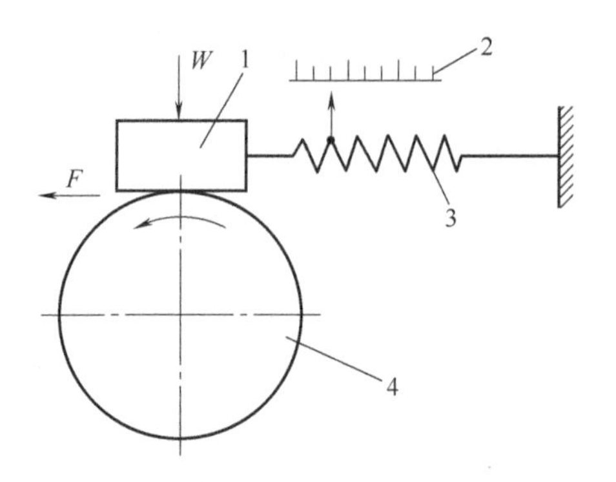

图 3-36　弹簧力平衡法测定摩擦力

1—上试件；2—标尺；3—弹簧；4—下试件

通过上述三种方法得到摩擦力，再由摩擦力与法向载荷间接求得摩擦系数。

思考题

① 简述摩擦理论的种类及摩擦性能的影响因素有哪些。

② 试述摩擦与磨损现象的区别。

③ 根据磨损机理的不同，磨损通常分为哪几种类型？它们各有什么主要特点？可采用哪些措施提高耐磨性？

④ 磨损可分为几个阶段？试用图表示。

⑤ 黏着磨损是如何产生的？如何提高材料的抗黏着磨损能力？

⑥ 测定金属磨损的方法有哪些？这些方法的原理是什么？

⑦ 材料的硬度越高，耐磨性是否一定越好？为什么？

⑧ 提高材料耐磨性的途径有哪些？

参考文献

[1]　张君才，雷建斌. 摩擦材料测试技术［M］. 天津：天津大学出版社，2017.

[2]　温诗铸，黄平，田煜，等. 摩擦学原理［M］. 5 版. 北京：清华大学出版社，2018.

［3］ 凌国平. 材料的性能［M］. 杭州：浙江大学出版社，2020.

［4］ 王振廷，孟君晟. 摩擦磨损与耐磨材料［M］. 哈尔滨：哈尔滨工业大学出版社，2013.

［5］ 盛国裕. 工程材料测试技术［M］. 北京：中国计量出版社，2007.

［6］ 徐永红. 材料物理性能检测［M］. 北京：化学工业出版社，2014.

［7］ 朱和国，王恒志. 材料科学研究与测试方法［M］. 南京：东南大学出版社，2008.

［8］ 张帆，周伟敏. 材料性能学［M］. 上海：上海交通大学出版社，2009.

［9］ 丁红燕，张临财. 工程材料实验［M］. 西安：西安电子科技大学出版社，2017.

［10］ 沙桂英，王赫男，王杰，等. 材料的力学性能［M］. 北京：北京理工大学出版社，2015.

第4章

材料防腐性能测试与分析

在材料各种形式的损坏中，腐蚀引起人们特别的关注。这是因为在现代工程结构中，特别是在高温、高压、多相流作用下，以及在磨损、断裂等的协同作用下，材料腐蚀损坏格外严重。研究材料腐蚀科学具有重要的现实意义。材料腐蚀科学的研究目的是通过综合研究材料在环境介质中表面或界面上发生的各种物理化学、电化学反应，探求它们对材料组织结构损坏的普遍及特殊规律，提出材料或其构件在各种条件下控制或防止腐蚀的措施。因此，材料防腐性能测试与分析已经成为材料科学的重要内容。

4.1 材料腐蚀的定义与防护

4.1.1 腐蚀的概念

腐蚀是材料受环境介质的化学、电化学和物理作用产生的损坏或变质现象，也包括上述作用与机械因素或生物因素的共同作用。从广义上讲，任何结构材料，包括金属材料及非金属材料都可能遭受腐蚀，如图 4-1 所示。例如，混凝土的腐蚀，建筑用砖、石头的风化，油漆、塑料、橡胶等的老化，以及木材的腐烂（一种细菌、霉菌引起的生物性损坏）等。

常用金属材料特别容易遭受腐蚀，因此金属腐蚀的研究受到广泛的重视。在大多数的金属腐蚀过程中，在金属表面或界面上进行着化学或电化学反应，其结果使

图 4-1　金属的腐蚀

金属转变为氧化（离子）状态。金属腐蚀涉及金属学、金属物理、物理化学、电化学、力学与生物学等学科。深入研究多相反应的化学动力学和电化学动力学对于金属腐蚀具有特殊的重要意义。

4.1.2　腐蚀的防护

腐蚀的化学本质是金属元素 M 失去电子被氧化形成氧化物 M^{n+} 的过程（氧化反应）。如果释放出来的电子没有物质去吸收、消耗以进行还原反应，则腐蚀也不可能继续进行下去。要使腐蚀持续发生，环境介质中必须有吸收、消耗电子的物质（氧化剂）存在。众所周知，在自然条件下，常有氧（O^{2-}）的存在，它是最容易吸收、消耗电子的物质，这就决定了自然界中腐蚀是普遍存在的。

实践表明，充分利用腐蚀科学知识和现代腐蚀防护技术，腐蚀的经济损失可降低约 1/3。腐蚀现象和机理比较复杂，影响因素众多。但只要在腐蚀发生和发展过程中各个环节上设置障碍，均可以有效降低腐蚀速度。因此，腐蚀的控制途径是多方面的：①合理的选材；②合理的设备结构设计（整体的和局部的）和工艺设计；③去除有腐蚀危害的成分（如去氧、去湿，改变 pH 值等）或添加缓蚀剂；④改变金属表面的电化学状态，包括阴极保护和阳极保护；⑤将耐腐蚀材料用涂、镀、喷、渗、衬各种施工方法，覆盖在易腐蚀的材料表面；⑥对防腐蚀设计、施工、运行维护、操作、记录、档案进行统一管理，亦是腐蚀控制是否良好的关键因素。

4.2 金属常见腐蚀形态

金属腐蚀按腐蚀形态可分为全面腐蚀和局部腐蚀两大类。全面腐蚀是指腐蚀发生在整个金属材料的表面，其结果是导致金属材料全面减薄。局部腐蚀是相对全面腐蚀而言的，是指腐蚀破坏集中发生在金属材料的特定局部位置，而其余大部分区域腐蚀轻微，甚至不发生腐蚀。本节主要介绍全面腐蚀和局部腐蚀等金属常见腐蚀形态的机理和相关特点。

4.2.1 全面腐蚀与局部腐蚀

全面腐蚀是最常见的腐蚀形态。全面腐蚀通常为均匀腐蚀，有时也表现为非均匀腐蚀。通常所说的全面腐蚀和均匀腐蚀均特指由电化学反应引起的腐蚀。全面腐蚀的电化学特点是，从宏观上看，整个金属表面是均匀的，与金属表面接触的腐蚀介质溶液是均匀的，即整个金属/电解质界面的电化学性质是均匀的，表面各部分都遵循相同的溶解动力学规律。从微观上看，金属表面各点随时间有能量起伏，能量高时（处）为阳极，能量低时（处）为阴极，腐蚀原电池的阴、阳极面积非常小。而且这些微阴极和微阳极的位置随时间变化不定，因而整个金属表面都遭到近似相同程度的腐蚀。

局部腐蚀是由金属与环境界面上电化学性质的不均匀性造成的，而且这种不均匀性在相当长的时期内被固定下来。由于这种不均匀性，腐蚀原电池的阳极区和阴极区截然分开，导致金属表面局部遭受集中的腐蚀破坏。通常局部腐蚀原电池的阴极面积比阳极面积大得多，腐蚀电池中阳极区的金属溶解反应和阴极区去极化剂的还原反应在不同区域发生。局部腐蚀原电池可由异类金属接触电池，或由介质的浓差电池，或由活化-钝化电池构成；也可以由金属材料本身的组织结构或成分的不均匀性以及应力和温度状态的差异所引起；还可以因材料构件的几何形状或腐蚀产物生成与堆积导致的腐蚀环境的组成及状态的差异所引起。局部腐蚀可分为电偶腐蚀、点蚀、缝隙腐蚀、晶间腐蚀、选择性腐蚀、应力腐蚀断裂、氢脆和腐蚀疲劳等。

全面腐蚀虽然可能造成金属的大量损失，但其危害性不如局部腐蚀大。因为全面腐蚀易于测定和预测，相对容易防护，而且在工程设计时可预先考虑留出腐蚀余量。与全面腐蚀相比，局部腐蚀难以预测和预防，往往在没有先兆的情况下，导致金属设备突然发生破坏，因此容易造成事故、环境污染甚至人身伤亡等重大问题。各类腐蚀失效事故事例的调查结果表明，全面腐蚀大约占 20%，其余约 80%为局部腐蚀破坏。因此，对局部腐蚀的机理、影响因素、评价方法和控制技术进行研究具有重要意义。表 4-1 总结了全面腐蚀和局部腐蚀的主要区别。

表 4-1　全面腐蚀与局部腐蚀的主要区别

对比项目	全面腐蚀	局部腐蚀
腐蚀形貌	腐蚀遍布整个金属表面	腐蚀集中在一定的区域，其他部分腐蚀轻微
腐蚀电池	微阴极区和微阳极区在表面上随时间变化不定，不可辨别	阴极区和阳极区相对固定，可以分辨
电位	阳极极化电位＝阴极极化电位＝腐蚀电位	阳极极化电位＜阴极极化电位
腐蚀产物	可能对金属有保护作用	无保护作用
质量损失	大	小
失效事故率	低	高
可预测性	容易预测	难以预测
评价方法	失重法、平均深度法、电流密度法	局部腐蚀倾向性、局部最大腐蚀程度损失法等

4.2.2 电偶腐蚀

电偶腐蚀也叫异类金属腐蚀或接触腐蚀，是指两种不同电化学性质的材料在与周围环境介质构成回路时，电位较正的金属腐蚀速率减缓，而电位较负的金属腐蚀速率加快的现象，如图 4-2 所示，造成这种现象的原因是这两种材料间存在着电位差，形成了宏观腐蚀原电池。

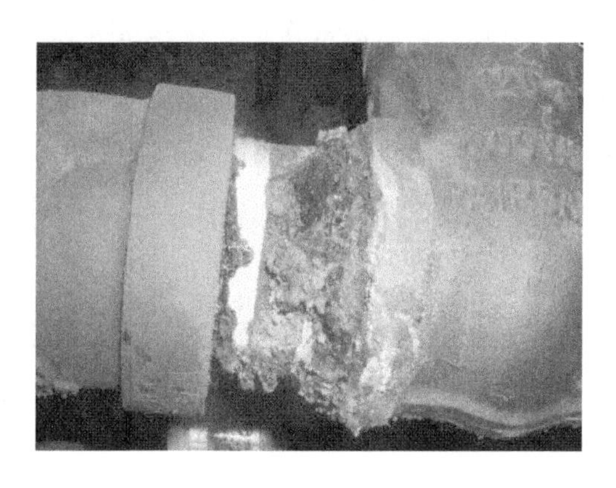

图 4-2　被电偶腐蚀的水管

电偶腐蚀作为一种普遍的腐蚀现象，可诱导甚至加速应力腐蚀、点蚀、缝隙腐蚀、氢脆等腐蚀过程的发生。有些条件下，两种不同金属虽然没有直接接触，但也有引起电偶腐蚀的可能。例如循环冷却系统中的铜零件，腐蚀下来的铜离子传送到碳钢设备表面进而沉积，这些沉积的疏松铜粒与碳钢之间会形成微电偶腐蚀电池，从而引起碳钢设备严重的局部腐蚀。这种现象就归因于构成了间接的电偶腐蚀。

产生电偶腐蚀应同时具备下述三个基本条件：

① 具有不同腐蚀电位的材料。电偶腐蚀的驱动力是被腐蚀金属与电连接的高腐蚀电位金属或非金属之间产生的电位差。

② 存在离子导电支路。电解质必须连续地存在于接触金属之间，构成电偶腐蚀电池的离子导电支路。

③ 存在电子导电支路。即被腐蚀金属与电位高的金属或非金属之间要么直接接触，要么通过其他电子导体实现电连接，构成腐蚀电池的电子导电支路。

对于实际的腐蚀体系而言，常采用电偶序判断金属在某一特定介质中的相对腐蚀倾向。所谓电偶序，就是根据金属在一定条件下测得的腐蚀电位或稳定电位（非平衡电位）的相对大小排列而成的次序表。由于实际的腐蚀体系受多种因素的影响，例如金属表面状态、环境温度、盐度、含氧量等，因此要确定甚至重现稳定电位是很困难的。所以，一般而言，电偶序表中不给出实际测得的金属电位值，即使给出也仅仅是一种参考。

表 4-2 是常用金属或合金在海水中的电偶序。当位于表 4-2 上方的某种金属和位于下方的另一种金属在海水中组成电偶对时，前者作为阴极，后者充当阳极。电

偶腐蚀的推动力是在介质中两种金属的腐蚀电位差。由电位差较大（表 4-2 中上、下位置相隔较远）的两种金属在海水中组成电偶对时，阳极金属受到的腐蚀会较严重。位于表 4-2 中括号内的金属称为同组金属，表示它们之间的电位差很小（一般<50mV），当它们在海水中组成电偶对时，电偶腐蚀倾向小到可以忽略的程度，如铸铁-钢等。一般而言，当两金属之间的电位差小于 50mV 时，就可以不考虑电偶腐蚀效应。

表 4-2　常用金属或合金在海水中的电偶序（常温）

<table>
<tr><td rowspan="21">电位从上到下依次减小</td><td rowspan="21">钝性金属或阴极</td><td></td><td>铂</td></tr>
<tr><td></td><td>金</td></tr>
<tr><td></td><td>石墨</td></tr>
<tr><td></td><td>钛</td></tr>
<tr><td></td><td>铍</td></tr>
<tr><td></td><td>Chlorimet3(62Ni,18Cr,18Mo)(镍铬钼合金)</td></tr>
<tr><td></td><td>HastelloyC(62Ni,17Cr,15Mo)(哈氏合金 C)</td></tr>
<tr><td rowspan="3"></td><td>18-8 钼不锈钢(钝态)</td></tr>
<tr><td>18-8 不锈钢(钝态)</td></tr>
<tr><td>11-30%Cr 不锈钢(钝态)</td></tr>
<tr><td rowspan="2">[</td><td>因科耐尔(80Ni,13Cr,7Fe)(钝态)</td></tr>
<tr><td>镍(钝态)</td></tr>
<tr><td rowspan="6"></td><td>银焊药</td></tr>
<tr><td>蒙乃尔(70Ni,30Cu)</td></tr>
<tr><td>铜镍合金(60～90Cu,40～10Ni)</td></tr>
<tr><td>青铜(Cu-Sn)</td></tr>
<tr><td>铜</td></tr>
<tr><td>黄铜(Cu-Sn)</td></tr>
<tr><td rowspan="2">[</td><td>Chlorimet2(66Ni,32Mo,1Fe)(镍钼合金 2)</td></tr>
<tr><td>HastelloyB(60Ni,30Mo,6Fe,1Mn)(哈氏合金 B)</td></tr>
<tr><td rowspan="2">[</td><td>因科耐尔(活态)</td></tr>
<tr><td></td><td></td><td>镍(活态)</td></tr>
</table>

续表

电位从上到下依次减小	活性金属或阳极		锡
			铅
			铅-锡焊药
			18-8 钼不锈钢(活态)
			18-8 不锈钢(活态)高镍铸铁
			高镍铸铁
			13%Gr 不锈钢(活态)
			铸铁
			钢或铁
			2024 铝(4.5Cu,1.5Mg,0.6Mn)
			镉
			工业纯铝(1100)
			锌
			镁和镁合金

研究发现，电偶序在大多数情况下能够准确地预测电偶电流的方向和电偶腐蚀倾向，但是电偶电位差与电偶电流之间没有必然的联系，所以不能用电偶电位差指示电偶腐蚀程度。

4.2.3 点蚀

点蚀又称小孔腐蚀，是一种腐蚀集中在金属表面很小范围内并深入到金属内部甚至穿孔的孔蚀形态。具有自钝化特性的金属，如不锈钢、铝和铝合金等在含氯离子的介质中，经常发生点蚀。在许多含氯离子的介质中，碳钢亦会出现点蚀现象。

点蚀的蚀孔直径一般只有数十微米，但深度等于或远大于孔径。孔口多数有腐蚀产物覆盖，少数呈开放式（无腐蚀产物覆盖）。蚀孔常沿着重力方向发展，一块平放在介质中的金属，蚀孔多在朝上的表面出现，很少在朝下的表面出现。

点蚀产生的主要特征有下列三个方面：

① 点蚀多发生于表面生成钝化膜的金属或表面有阴极性镀层的金属上（如碳钢表面镀锡、钢、镍）。当这些膜上某些点发生破坏，破坏区域下的金属基体与膜未破坏区域形成活化-钝化腐蚀电池，钝化表面为阴极而且面积比活化区大很多，腐蚀向深处发展形成小孔。

② 点蚀发生在含有特殊离子的介质中，如不锈钢对卤素离子特别敏感，其作用顺序为 $Cl^{-}>Br^{-}>I^{-}$。

③ 点蚀通常在某一临界电位以上发生，该电位称作点蚀电位或击破电位（Eb），又在某一电位以下停止，而这一电位称作保护电位或再钝化电位（Ep）。当电位大于 Eb，点蚀迅速发生、发展；电位在 Eb～Ep 之间，已发生的蚀孔继续发展，但不产生新的蚀孔；电位小于 Ep，点蚀不发生，即不会产生新的蚀孔，已有的蚀孔将被钝化，不再发展。但是，也有许多体系可能找不到特定的点蚀电位，如点蚀发生在过钝化电位区（铁在 ClO^{4-} 溶液中），发生在活化-钝化转变区（铁在硫酸溶液中）时，就难以确定点蚀电位。在一些情况下，例如含硫化物夹杂的低碳钢在中性氯化物溶液中，点蚀也可能发生在活化电位区。

点蚀可分为两个阶段，即点蚀成核（发生）阶段和点蚀生长（发展）阶段。点蚀从发生到成核之前有一段孕育期，有的长达几个月甚至几年时间。孕育期是从金属与溶液接触一直到点蚀开始的这段时间。孕育期阶段是一个亚稳态阶段，它包括亚稳孔形核、生长、亚稳孔转变为稳定蚀孔的过程。孕育期随着氯离子浓度的增大和电极电位的升高而缩短。

关于亚稳孔成核的原因主要有两种学说，即钝化膜破坏理论和吸附理论。

① 钝化膜破坏理论。当侵蚀性阴离子（如氯离子）在不锈钢钝化膜上吸附后，由于氯离子半径小而穿过钝化膜，氯离子进入膜内后“污染了氧化膜”，产生了强烈的感应离子导电，于是此膜在一定点上变得能够维持高的电流密度，并能使阳离子杂乱移动而活跃起来，当膜-溶液界面的电场达到某一临界值时，就发生点蚀。

② 吸附理论。该理论认为点蚀的发生是氯离子和氧的竞争吸附造成的。当金属表面上氧的吸附点被氯离子代替时，形成可溶性金属-羟-氯络合物，使膜的完整性遭到破坏。

4.2.4 缝隙腐蚀

缝隙腐蚀是指在腐蚀介质中的金属表面上，在缝隙和其他隐蔽的区域内发生的局部腐蚀。当管道输送的物料为电解质溶液时，在管道内表面的缝隙处，如法兰垫片处、单面焊未焊透处等，均会产生缝隙腐蚀。一些钝性金属，如不锈钢、铝、钛等，易产生缝隙腐蚀。缝隙腐蚀的机理，通常认为是浓差腐蚀电池的原理，即缝隙内和周围溶液之间氧浓度或金属离子浓度存在差异造成的。缝隙腐蚀在许多介质中发生，但以含氯化物的溶液中最严重，其机理不仅是浓差电池的作用，也有类似点蚀的自催化作用，如图 4-3 所示。

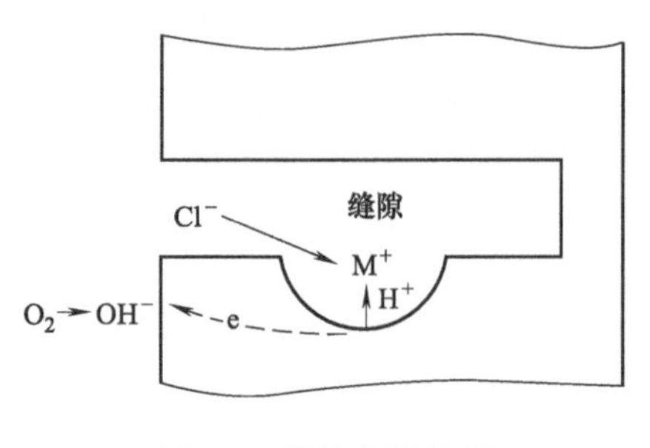

图 4-3 缝隙腐蚀机理

缝隙腐蚀具有以下特征：①发生范围广；②发生时介质涉及种类多，含活性 Cl^- 的中性介质中最易发生；③缝隙腐蚀的临界电位比孔蚀电位低，对同一种合金而言，缝隙腐蚀更易发生。

4.2.5 晶间腐蚀

晶间腐蚀是局部腐蚀的一种，腐蚀沿金属或合金的晶粒边界和它的邻近区域发展，晶粒本身腐蚀很轻微。晶间腐蚀可使晶粒间的结合力大大削弱，严重时可使力学强度完全丧失。例如不锈钢遭受晶间腐蚀时，表面仍保持一定的金属光泽，看不出被破坏的迹象，但晶粒间结合力显著减弱，力学性能恶化，不能经受敲击，所以是一种危害性极大的腐蚀，可能造成设备的突发性破坏。不锈钢、镍基合金、铝合金、镁合金等都是晶间腐蚀高敏感的材料。在受热情况下使用或焊接过程都会造成晶间腐蚀的问题。

4.2.6 选择性腐蚀

选择性腐蚀是同种材料或者不同种材料，在发生腐蚀的时候，某一部分优先于其他部分发生的腐蚀。选择性腐蚀中，合金不是按成分的比例溶解，而是其较活泼的组分发生优先溶解。其主要实例有：黄铜的脱锌、石墨化腐蚀。黄铜的脱锌：黄铜是 Cu-Zn 合金，含 Zn 低于 15%的黄铜呈红色，称为红黄铜，一般不产生脱锌腐蚀，多用于散热器；含 Zn30%、铜 70%的黄铜为普通黄铜，易产生脱锌腐蚀。

脱锌一般有如下两类：

① 均匀型或者层状脱锌，一般含 Zn 量高的黄铜在酸性介质中发生，当受到应力作用时，也会发生开裂破坏。

② 局部型或栓塞状脱锌，一般含 Zn 量低的黄铜在碱性、中性介质中发生。

4.3 腐蚀性能评价的电化学测试方法

材料在某一环境介质下承受或抵抗腐蚀的能力，称为材料的耐腐蚀性或抗腐蚀性。显然必须有公认的表示腐蚀程度、速度的方法和耐蚀性评定标准，才能定量地评价金属材料的耐腐蚀性。目前，材料的耐腐蚀性能的评价方法可以分为三大类：重量法、表面观察法和电化学测试法。

电化学测试法是一种能够快速、准确地用于研究材料腐蚀的现代研究方法。由于材料的腐蚀大多数属于电化学腐蚀，因此电化学测试方法在腐蚀中应用最为广泛。与重量法和表面观察法相比，电化学测试法不但能够研究材料的腐蚀速度，还能够深入地研究材料的腐蚀机理。电化学测试法按外加信号分类大致可以分为直流测试和交流测试；按体系状态分类可以分为稳态测试和暂态测试。直流测试包括动电位极化曲线、线性极化法、循环极化法、循环伏安法、恒电流/恒电位法等等；而交流测试则包括阻抗测试和电容测试。稳态测试方法，通常包括动电位极化曲线、线性极化法、循环极化法、循环伏安法、电化学阻抗谱；而暂态测试包括恒电流/恒电位法、电流阶跃/电位阶跃法和电化学噪声法。在诸多的电化学测试法中，通过由工作电极、对电极、参比电极组成的三电极体系来测试稳态极化曲线是最常用的方法。另外，近年来交流阻抗法测试也逐渐普及开来。

4.3.1 测试体系和测试装置

(1) 三电极体系

在电解液中，为了使电流流向工作电极，需将另一个金属电极浸渍在电解液中，两个电极接通电源，通过外加电压的方式测量流动电流，这个电极称为对电极（counter electrode，CE）或辅助电极（auxiliary electrode）。过去的两电极法，曾使用比工作电极大很多的对电极，通过将对电极的极化（电极电位差）降到最低限度，使之同时作为对电极和参比电极使用。但是，现在通常将参比电极作为独立的电极使用，即三电极体系测量法。

① 工作电极。电化学测试通常是测量发生电化学反应的电极（样品电极）（sample electrode，SE）或工作电极（working electrode，WE）。电化学研究中，与电极本身的反应相比，电解液中的离子和分子等在电极上发生的反应更为普遍。多数情况下甚至可以认为电极只是一个向溶液提供电子，或从溶液中吸收电子的场所。因此，经常使用自身不会发生反应的 Pt、Au 及 C（石墨）等物质作为电极。在腐蚀电化学测试过程中，通常将金属和合金加工成板状、线状或块状试样。由于腐蚀测试或极化导致电极表面溶解，生成腐蚀产物或钝化膜，因此工作电极的面积不是固定的。

② 对电极。对电极也称为辅助电极，起到通过电解液给工作电极提供电流的作用，对电极上发生的电化学反应一般不需要关注。对电极上一般使用不溶性金属（主要是 Pt 丝或 Pt 片），但在工作电极发生阳极极化（对电极阴极极化）时，通常使用不锈钢等材质的对电极进行替代。在使用恒电位仪进行测试时，由于不用考虑对电极上过电压的上升，因此无需在对电极上镀铂金等，但若对电极相对于工作电极面积过小，工作电极上的电流分布就有可能不均匀。此外，在电解液的导电程度低的条件下，板状工作电极内侧面上的电流分布会变小，因此需要在工作电极两面或周围环绕式地安装对电极。

虽说对电极上发生的反应几乎可以忽略，但是对于精密的试验，如溶液中氧浓度严格控制的试验，对电极上产生的氧气可能会导致溶解氧浓度上升。或是对电极上生成的电解产物经过扩散到达工作电极发生反应，会妨碍工作电极上正确的电化学测试。这样的测试条件下，需要将对电极和工作电极隔离在不同的电解液槽中，它们之间通过热熔玻璃胶体等封装材料进行液体连接。

③ 参比电极。参比电极（对照电极）的种类有很多。目前，通常使用饱和 KCl/Ag/AgCl 的银-氯化银电极（silver-silver chloride electrode，SSE）。市面上银-氯化银电极容易买到，而且使用起来也很方便，自己制备也不难。正常条件下，使用 AgCl 包覆的 Ag 线作为参比电极，需要将其置于充满试验溶液的 Luggin 毛细管内。这样的参比电极使电流回路的阻抗大幅降低，抗噪声性能大幅提高。当然，试验开始前和结束后，对使用 SSE 银-氯化银参比电极进行校准是很有必要的。

(2) 电化学电解池

最简单的电解池构成是在盛有电解液的烧杯中，安装工作电极、对电极、参比电极。工作电极若发生阳极极化，则对电极会发生阴极反应（不一定是工作电极的逆反应），长时间的极化或有大电流流动的话，阴极反应的生成物会到达工作电极，会给工作电极本身的反应带来一定影响。若对电极被玻璃板隔开，则可以消除对电极上发生反应带来的影响。

(3) 恒电位仪

恒电位仪（potentiostat）是金属腐蚀电化学测试的一种常用的基本而重要的仪器。它不但可用于各种电化学测试中，还可用于金属腐蚀、电化学保护、电解和电合成、电镀、金相侵蚀、相分析等研究领域和生产实践中，还可进行各种电流波形的极化测量。由于其用途不同，出现了许多不同类型的恒电位仪。如用于旋转环-盘电极系统研究的双恒电位仪，适用于小信号测试的低噪声恒电位仪，适用于快速暂态电极过程研究的快速响应恒电位仪以及适合于电化学保护和其他电化学加工用的可控硅恒电位仪等。

(4) 电化学工作站

电化学工作站（electrochemical workstation）是电化学测量系统的简称，是电化学研究和教学常用的测量设备。将多种测量系统组成一台整机，内含快速数字信号发生器、高速数据采集系统、电位-电流信号滤波器、多级信号增益、IR 降补偿电路、恒电位仪、恒电流仪。计算机技术的发展使电化学工作站已经能够进行各个领域的研究与测试，如基础电化学研究、化学电源、金属腐蚀与防护、电解与电沉积、电分析与传感器、生物与有机电化学、物理电化学、谱学电化学等领域。电化学工作站可完成各类极化、循环伏安、交流阻抗、交流伏安、电化学噪声、电流滴定、电位滴定等测量。电化学工作站可以同时进行两电极、三电极及四电极的工作方式。四电极可用于液/液界面电化学测量，对于大电流或低阻抗电解池（例如电池）十分重要，可消除由电缆和接触电阻引起的测量误差。多数高级的电化学工作站还有外部信号输入通道，可在记录电化学信号的同时记录外部输入的诸多其他信号，例如光谱信号、快速动力学反应信号等，这对光谱电化学、电化学动力学等研究极为方便。

电化学工作站主要有两大类，即单通道电化学工作站和多通道电化学工作站，区别在于多通道电化学工作站可以同时进行多个样品测试，较单通道工作站有更高的测试效率，适合大规模研发测试需要，可以显著加快研发速率。

4.3.2 稳态极化曲线

(1) 稳态极化曲线概念

电化学测试技术根据电极过程的特点分为稳态和暂态两大类，其中稳态时电极反应以一定的速率进行，各变量（电位、电流）不随时间变化，测量便于实施。稳态电流为电极反应进行的净电流，通过稳态极化曲线测试可以揭示许多受特定因素影响的电极过程的特征信息，定性地分析电极过程的影响因素，定量地获知电极过程行为的特征参量，因此稳态极化曲线的测试在电化学测试中最为基本和有意义。

通常所说的电化学稳态是指在指定的时间范围内，电化学系统的参量（如电位、电流、浓度分布、电极表面状态等）变化甚微，基本上可认为不变。但稳态不等于平衡态，例如 Zn/Zn^{2+} 电极在平衡电位时，$Zn \rightarrow Zn^{2+} + 2e$ 和 $Zn^{2+} + 2e \rightarrow Zn$ 两个反应速度相等，达到平衡态，是稳态的一个特例。一般稳态不是平衡态，例如，Zn/Zn^{2+} 的阳极溶解过程，达到稳态时，$Zn \rightarrow Zn^{2+} + 2e$ 和 $Zn^{2+} + 2e \rightarrow Zn$ 两个反应速度差为一稳定值，表现为阳极电流是稳定值，净结果是 Zn 以一定的速度溶解到电极界面区的溶液中成为 Zn^{2+}，但是电极界面区的 Zn^{2+} 又因扩散、电迁移和对流转移到溶液内部，如果达到稳态，电极界面区的 Zn^{2+} 浓度不变，说明转移的速度恰好等于阳极溶解的速度，所以净结果浓度不变。浓度和电流都不变，电极电位也不变，基本上可以算是稳态。绝对的稳态是不存在的。在上述例子中，电极固相表面还是有所变化的，溶液内部的 Zn^{2+} 浓度也是有所增加的，只不过这些变化并不显著而已。稳态是相对于变化更为显著的状况而言的。例如上述 Zn/Zn^{2+} 阳极溶解过程，起初转移速度小于阳极溶解速度，随着净结果电极界面区 Zn^{2+} 浓度逐步增加，电极电位也随之向正方移动。经过一定时间后，电极界面区 Zn^{2+} 浓度升至一定值，转移速度基本等于阳极溶解速度，电极界面区 Zn^{2+} 的浓度基本不再上升，电极电位基本不再移动，这才算达到稳态。未达到稳态的那个阶段则称为暂态。

稳态和暂态是相对而言的，从暂态到稳态是逐渐过渡的。暂态和稳态的划分是以参量变化显著与否为标准，这个划分也是相对的。稳态和暂态的划分与所采用的仪表的灵敏度和观察变化过程的时间长短有关。因此，只要根据试验条件，在一定时间内，电化学系统的参量的变化不超过一定值的状态，就可以称之为稳态。一般情况下，如果电极界面区的反应物浓度变化了或电极表面状态改变了（如实际表面积增大和吸附改变等），都会引起电极电位和电流的变化，或两者之一的变化。当电极电位和电流同时稳定不变（实际是变化速度不超过一定值）时，就可以认为已达到稳态，可以按稳态系统来处理。

稳态系统固有的一些特点，是由稳态系统具备的条件决定的。稳态系统的条件是电流、电极电位、电极表面状态和电极界面区浓度等均基本上不变。首先，电极双电层的充电状态不变，也就是双电层电荷不变，所以双电层的充电电流为零，在电极等效电路中的双电层电容可以忽略其存在；其次，电极界面的吸附覆盖状态也不变，因此“吸附/脱附”引起的电流为零，电极等效电路中的吸附电容也可以忽略。而这两种电流在暂态系统中通常是不能被忽略的，甚至占主要地位。

稳态极化测量在腐蚀电化学研究中起着重要的作用，主要应用于金属腐蚀机理的研究与金属腐蚀速率的极化测量。

① 金属腐蚀机理的研究：由稳态极化曲线的形状、斜率和位置可以研究腐蚀电极过程的电化学行为以及阴、阳极反应的控制特性。此外，通过分析极化曲线可以探讨腐蚀过程如何随合金组成、溶液中的阴离子、pH、介质浓度及组成、添加剂、温度、流速等因素而变化。

② 金属腐蚀速率的极化测量：测量极化曲线的目的是获得有关腐蚀金属电极上进行的腐蚀过程的动力学信息。最主要是要获得金属腐蚀速率的信息，即使仅能从电化学测量知道腐蚀速率的大致范围也有意义。其次，对于腐蚀活性区的腐蚀金属电极，还往往希望通过极化曲线的测量来测定与腐蚀过程有关电极反应的其他动力学参数。例如：阳极反应和阴极反应的 Tafel 斜率、去极化剂的极限扩散电流密度等。

(2) 稳态极化曲线测量

稳态极化曲线的测量按照控制的自变量可分为控制电流法与控制电位法。

控制电流法是指利用恒电流仪或经典恒电流电路，来控制通过研究电极的极化电流/电流密度按预定的规律变化，而不受电解池阻抗变化的影响，同时测量相应的稳定电极电位，然后把测得的一系列不同电流密度下的稳定电位绘成曲线，得到稳态极化曲线的方法。电流的改变可用手动逐点调节，也可用阶梯波信号控制恒电流仪来实现，或用慢速扫描信号控制恒电流仪，采样测绘出稳态极化曲线。总之，控制电流法必须通过经典恒电流电路或恒电流仪才能实现。

控制电位法是利用经典恒电位器或电子恒电位仪来控制电极电位，按照预定的规律变化，不受电极系统阻抗变化的影响，同时测量相应稳态电流/电流密度，然后把测得的一系列不同电位下的稳定电流密度绘成曲线，得到稳态极化曲线。需要注意的是，这里所谓的恒电位法并非只是把电极电位控制在某一电势值之下不变，而是指控制电极电势按照一定的预定规律变化。同样，若用阶梯波或慢扫描信号来控制恒电位仪，也可自动测绘稳态极化曲线。总之，控制电位法必须通过经典恒电位器或恒电位仪来实现。

在极化曲线的实际测定时，对于控制方式（控制电流和控制电位）的具体给定操作上，可分为阶跃法和慢扫描法。在具体的控制电位测量时是以电极电位作主变量，测试时逐步地改变电极电位，测定相应的极化电流的大小。按其电位变化方式，又可分为阶跃法/静电位法和慢扫描法/动电位法两种极化方式。阶跃法的电位变化可以是手动逐点变化（经典恒电位方法），也可以是阶梯式的（电位台阶法），电位变化后，要间隔一定时间进行测量，以便使体系很好地达到稳态。慢扫描极化测量的电位变化是连续地以恒定的速率扫描，电位扫描速率应保证测试体系达到稳态。而具体的控制电流测量是以极化电流作为主变量，测试时逐步地改变外加电流，测定相应的电极电位数值。电流的变化可以是逐点改变，也可以是连续变化。逐点变化称为阶跃法/动电流法，其电流变化方式可通过手动逐点调节（经典恒电流方法），也可用阶梯波信号控制恒电流仪来实现（电流台阶法）。电流连续改变称为电流扫描法/动电流法。

阶跃法最初采用逐点手动调节，例如采用控制电流逐点手动法测定稳态极化曲线，就是给定一个电流后，等候电位达到稳定值就记下相应的电位，然后再增加电流到一个新的给定值，测定相应的稳定电位值。最后把测得的一系列电流/电位数据绘成极化曲线。这种方法实现起来比较简单，但工作量较大，有些体系达到稳态要等很长的时间，而且不同的测量者对稳态的标准掌握不一，因此这种稳态极化曲线的重现性较差。为了节省测量时间，提高重现性，往往人为地规定时间间隔（一般在 0.5～10min 选一个合适的时间间隔），同时选定合适的阶跃值。对于控制电流法，电流间隔一般在 0.5～10mA 之间选定；对于控制电势法，电势间隔一般在 5～100mV 之间选定。时间间隔或自变量改变值不同，测得的极化曲线也不同。用控制电位法测得的 304 不锈钢在 0.5mol/L H_2SO_4 中的阳极极化曲线，当每次调节电位后停留 4h 才能得到稳态电流值，其余的在时间间隔较短状态测得的各条曲线皆为非稳态。实际测量时，应根据不同体系和试验目的来选择不同的时间间隔。例如，当利用极化曲线测定动力学参数时，要测稳态极化曲线。如果为了定性地了解影响电极过程的因素或者比较不同因素的影响，也可用非稳态或准稳态极化曲线，但为了比较，必须保持同样的时间间隔和自变量改变幅值。

后来由于电子技术的迅速发展，上述手动逐点调节方式被阶梯波代替，即用阶梯波发生器控制恒电流仪或恒电位仪，可较为方便地测绘极化曲线。阶梯波阶跃幅值的大小及时间间隔的长短应根据试验要求而定。当阶跃幅值足够小而阶梯波数足够多时，测得的极化曲线接近于慢扫描极化曲线。

慢扫描法测定极化曲线就是利用慢速线性扫描信号控制恒电位仪或恒电流仪，使极化测量的自变量连续线性变化，同时用 X-Y 记录仪或高速数据采集系统配合相应的专业软件自动测绘极化曲线。按控制方式也可分为控制电位法和控制电流法。前者又称为动电位扫描法，应用更广泛。实现慢速扫描有两种方法，一是早期的机电传达式，二是信号发射器输出式。机电传达式是用同步电机经过变速齿轮组带动绕线鼓轮上的滑动触点，以取得随时间做线性变化的电压信号。这种装置的优点是扫速慢，线性好，可靠性高，适于测稳态极化曲线；缺点是扫描范围窄，电压变化率的调节范围不大，不能自动变速，必须手动换向。20 世纪 80 年代初开始，多用信号发生器以实现慢速线性扫描。

为了测得稳态极化曲线，扫描速度必须足够慢。那么，如何判别是否为稳态极化曲线呢？可依次减小扫描速度，测定数条极化曲线，当达到某一扫描速度，若继续降低扫描速度而极化曲线不再明显变化时，就可确定应以此速度测定该体系的稳态极化曲线。但许多情况下，特别是对于固体电极，测量时间越长，电极表面状态及其真实表面积变化的积累就越严重。这时为了比较不同电极体系的电化学行为，或者比较各种因素对电极过程的影响，就不一定非得测稳态极化曲线不可，亦可选择适当的扫描速度测定非稳态或准稳态极化曲线来进行对比，但必须保证每次扫描速度相同。由于线性扫描法可自动测绘极化曲线，扫描速度可以选定，不像手动逐点调节那样费工费时，且“稳态值”的确定因人而异，因此扫描法的重现性好，特别适于对比试验。

(3) 稳态极化曲线的应用

稳态极化曲线是表示电极的反应速率（电流密度）与电极电位的关系曲线。对于同样的体系，在稳态下处于同样的电位时，将发生同样的反应，并且以相同的反应速率进行。因此，稳态极化曲线是研究电极过程动力学最重要、最基本的方法，它在电化学基础研究、金属腐蚀、电镀、电冶金、电解、化学电源等领域，都有广泛的应用和重要的意义。

在电化学基础研究方面，根据极化曲线可以判断电极过程的反应机理和控制步骤；可以查明给定体系可能发生的电极反应的最大反应速率；可从极化曲线测动力学参数，如交换电流 i、传递系数 a、标准速率常数 K_s、扩散系数 D 等；可以测定 Tafel 斜率；推算反应级数进而研究反应历程；还可以利用极化曲线研究多步骤的复杂反应，研究吸附和表面覆盖度、钝化膜等。

在金属腐蚀方面，测量极化曲线可得出阴极保护电位，阳极保护的致钝电位、致钝电流、维钝电流、击穿电位和再钝化电位等。测量极化曲线，采用强极化区、线性极化区和弱极化区的方法可快速测量金属的腐蚀速率，从而快速筛选金属材料和缓蚀剂。测量阴极极化曲线和阳极极化曲线，可用于研究局部腐蚀。测量阴极区和阳极区的极化行为，可用于研究局部腐蚀。分别测量两种金属的极化曲线，可以推算出两种金属连接在一起时的电偶腐蚀。测量腐蚀系统的阴阳极极化曲线，可查明腐蚀的控制因素、影响因素、腐蚀机理以及缓蚀剂作用类型等。

在电解、电镀、电冶金方面，研究主反应和副反应（如阴极析氢、阳极析氧）的极化曲线，可以研究主反应和副反应的极化曲线与电流效率的密切关系。在合金电沉积中，研究不同成分对极化曲线的影响，可找出适当的电解液配方和工艺参数。为了使阳极正常溶解，可测量阳极的钝化曲线，找出合适的阴、阳极面积比。由极化曲线还可估计电解液分散能力和电流分布。采用旋转圆盘电极可以研究电镀添加剂的整平能力。

在化学电源方面，基于化学电源负荷的电压是直接由总极化决定的，极化较大的电池的负荷特性很差，即电压效率低。因此，负荷特性可直接用整个电池的极化曲线定量地描述。为了找出负荷特性差的原因以利于改进，必须分别测量阳极和阴极的单电极极化曲线，以判断各电极的极化占总极化的比例。但要求：

① 在该电池溶液中有较稳定的电极电位；

② 测量时流过的微小电流不致引起参比电极电位明显改变；

③ 不要用与其他两电极短路的第三个电极作为参比电极，来研究其极化曲线的行为。

此外，要进一步通过单电极极化曲线研究活化过电位、浓差过电位和电阻过电位之间的主次关系，找出症结所在，以便进一步找出解决办法。例如通过极化曲线可以研究气体扩散多孔电极的性能。另外，由正、负极的极化曲线还可判断化学电源的寿命是由正极还是负极决定；由正、负极的极化曲线还可研究不同板栅材料、不同电活性物质对化学电源性能的影响。总之，极化曲线在电化学领域中的应用是多种多样的。

4.3.3 电化学阻抗

(1) 电化学阻抗的概念

电化学阻抗谱（electrochemical impedance spectroscopy，EIS）在早期的电化学文献中称为交流阻抗（alternating current impedance，AC impedance）。阻抗测量原本是电化学中研究线性电路网络频率响应特性的一种方法，引用到研究电极过程中，成了电化学研究中的一种实验方法。

电化学阻抗谱是指控制通过电化学系统的电流（或系统的电位）在小幅度的条

件下随时间按正弦规律变化，同时测量相应的系统电位（或电流）随时间的变化，或者直接测量系统的交流阻抗（或导纳），进而分析电化学系统的反应机理、计算系统的相关参数。它是一种以小振幅的正弦波电位（或电流）为扰动信号的电化学测量方法。由于以小振幅的电信号对体系扰动，一方面可避免对体系产生大的影响，另一方面也使得扰动与体系的响应之间近似呈线性关系，这就使测量结果的数学处理变得简单。

同时，电化学阻抗谱方法又是一种频率域的测量方法，它以测量得到的频率范围很宽的阻抗谱来研究电极系统，因而能比其他常规的电化学方法得到更多的动力学信息及电极界面结构的信息。例如，对腐蚀金属电极进行电化学阻抗谱测量可以得到极化电阻 R_p；由阻抗谱图的形状可以判断腐蚀过程的机理；通过阻抗数据的分析可以计算电极过程的动力学参数，从而判断金属与合金的耐蚀性能；可以通过电化学阻抗谱研究金属钝化膜的 EIS 特征；利用电化学阻抗谱的测量可以研究缓蚀剂的吸附及脱附特性等；可以从阻抗谱中含有的时间常数个数及其数值大小推测影响电极过程的状态变量的情况；可以从阻抗谱观察电极过程中有无传质过程的影响等。即使对于简单的电极系统，也可以从测得的单一时间常数的阻抗谱中，在不同的频率范围得到有关从参比电极到工作电极之间的溶液电阻 R_1、双电层电容 C_d 以及电荷传递电阻 R_{ct} 等方面的信息。所以，电化学阻抗谱方法近年来成为研究金属电化学腐蚀的强有力工具。

在电化学阻抗谱研究中，人们最关心的是阻抗随频率的变化。如果一个电极系统处于稳态，用具有一定幅值的不同频率的正弦波电位信号对电极过程进行扰动，或用具有一定幅值的不同频率的正弦波极化电流信号对电极过程进行扰动，通过测试相应的电极电位的响应，就可以测得这个电极过程的阻抗谱。我们将电极过程的阻抗谱称为电化学阻抗谱。应该说，在电极过程的极化电流与电位之间，一般情况下是不满足线性条件的，但是只要极化值足够小，例如小于 10mV，就可以近似地认为两者之间满足线性条件。

由不同频率下的电化学阻抗数据绘制的各种形式的曲线，都属于电化学阻抗谱。因此，电化学阻抗谱包括许多不同的种类。其中最常用的是奈奎斯特图（Nyquist plot）或阻抗复平面图和阻抗波特图（Bode plot）。奈奎斯特图是以阻抗的实部为横轴，以阻抗的虚部为纵轴绘制的曲线，也叫作斯留特图（Sluyter plot）。

阻抗波特图由两条曲线组成。一条曲线描述阻抗的模随频率（f 或 ω）的变化关系，即 $\lg|Z|-\lg f$ 曲线，称为 Bode 模图；另一条曲线描述阻抗的相位角随频

率的变化关系，即 $\phi-\lg f$ 曲线，称为Bode相图。通常，Bode模图和Bode相图要同时给出，才能完整描述阻抗的特征。

在某一腐蚀电位下测量不同 ω 得到的阻抗实部和虚部形成一组实验数据，每组实验数据与频率之间的关系主要有三种处理方法：①Nyquist图法，在实部和虚部平面图上，每一频率的电极阻抗是该平面的一个点，不同频率阻抗点的轨迹构成复数平面图上的曲线；②Randle法（阻抗频谱图），分别将法拉第阻抗实部和虚部与 $1/\sqrt{\omega}$ 的两条关系曲线同作在一幅阻抗频谱图上；③阻抗Bode图，分别作两幅图，阻抗模 $\lg|Z|$ 与 $\lg f$ 关系和阻抗幅角与 $\lg f$ 关系。在上述三种方法中，最常用的是Nyquist图法，不过对于复杂电极反应，有时使用阻抗频谱图更有效。

电解池是一个相当复杂的体系，其中进行着电量的转移、化学变化和组分浓度的变化等。这种体系显然不同于由简单的电学元件，如电阻、电容等组成的电路。但是，当用正弦交流电通过电解池进行测量时，往往可以根据实验条件的不同，把电解池简化为不同的等效电路。如果能用一系列的电学元件和一些电化学中特有的“电化学元件”来构成一个电路，它的阻抗谱同测得的电化学阻抗谱一样，那么我们就称这个电路为这个电化学体系的等效电路（equivalent circuit），而所用的电学元件或“电化学元件”就叫作等效元件（equivalent elements）。

通常情况下，电化学系统的电位和电流之间是不符合线性关系的，而是由体系的动力学规律决定的非线性关系。当采用小幅度的正弦波电信号对体系进行扰动时，作为扰动信号和响应信号的电位和电流之间则可看作近似呈线性关系，从而满足了频响函数的线性条件要求。这样，电化学系统就可作为类似于电工学意义上的线性电路来处理，即电化学系统的等效电路。同时，由于采用了小幅度条件，等效电路中的元件可认为在这个小幅度电位范围内保持不变。但是，应当注意的是，这些等效电路的元件同真正意义上的电学元件仍有不同，当电化学系统的直流极化电位改变时，等效电路的元件会随之而改变。另外，为了更好地描述电化学体系，等效电路中还会用到一些特别用于电化学中的元件，称为电化学元件。

由于采用小幅度正弦交流信号对体系进行微扰，当在开路电位附近进行阻抗测量时，电极上交替出现阳极过程和阴极过程，即使测量信号长时间作用于电解池，也不会导致极化现象的积累性发展和电极表面状态的积累性变化。如果是在某一直流极化电位下测量，电极过程处于直流极化稳态下，同时叠加小幅度的微扰信号，该小幅度的正弦波微扰信号对称地围绕着稳态直流极化电位进行极化，因而不会对体系造成大的影响。因此，交流阻抗法也被称为“准稳态方法”。由于采用了小幅度正弦交流电信号作为扰动信号，有关正弦交流电的现成的关系式、测量方法、数据处理方法可以借鉴到电化学系统的研究中。例如，交流平稳态和线性化处理的引入，使得理论关系式的数学分析得到简化；复数平面图的分析方法的应用，使得测量结果的数学处理变得简单。

(2) 电化学阻抗的测试

交流阻抗测量系统一般包括三部分：电解池、控制电极极化的装置和阻抗测定装置。测定阻抗的装置根据不同的测试方法而不同。电极系统除采用经典的三电极外，也可以采用双电极测试系统。双电极电池系统测试简单，便于现场监控。

在双电极体系中，可由所测出的电解池阻抗来计算研究电极（WE）的阻抗。如果辅助电极（AE）选用惰性材料且其面积远大于研究电极的面积，则辅助电极的阻抗可忽略。此时电解池阻抗、两电极的阻抗（Z_{AE}、Z_{WE}）和两电极之间溶液的欧姆电阻（R_1）存在如下关系：

$$Z_{cell}=Z_{AE}+Z_{WE}+R_1 \tag{4-1}$$

则

$$Z_{WE}=Z_{cell}-Z_{AE}-R_1 \tag{4-2}$$

R_1 可以由外推到频率无穷大时的阻抗测出，这样由实验测定的电解池阻抗即可得到研究电极的阻抗。

交流阻抗谱测试通常在开路下测量。在 EIS 设置窗口，交流阻抗测试需要输入的主要参数包括：频率范围、正弦波信号峰值。

电化学工作站频率范围设置多大合适取决于电化学参数的时间常数是否在这个频率范围。频率范围的设置与研究电极的种类有关，有的研究电极在 10Hz 就有高频截距，但是有的电极需要测到 106Hz 才能出现高频截距。一般做电化学阻抗测试的频率范围在 $10^{-2}\sim10^{5}$ Hz 之间就已经合适了，有时频率范围选择在 $10^{-2}\sim10^{6}$ Hz 之间。如果频率再低，不仅需要更长的测试时间，同时也会使测试体系波动较大，偏离平衡。在低频区测试时应特别注意噪声的干扰和抑制，电化学阻抗谱测试必须满足因果性条件、线性条件及稳定性条件。只有交流信号的幅值足够小时，才能保证电化学电池的反应是线性的。故施加的幅值限制在 5～10mV 即可满足上述条件。因为在这一条件下，有些比较复杂的关系都可以简化为线性关系。另外，在小幅度正弦波交流电的条件下，电极 Faraday 阻抗的非线性干扰（如整流效应、高次谐波等）基本都可以避免。达到交流平整状态以后，各种参数都按正弦波规律变化。因此，通常交流阻抗测试的正弦波电位信号的幅值选择 5mV 或 10mV。如果幅值太大，会出现非线性效应，产生施加扰动频率的高次谐波反应。

电化学阻抗数据的测量技术可分为两大类：频率域的测量技术和时间域的测量技术。这两类技术均已在商品仪器和软件中应用。

(3) 电化学阻抗谱图的数据处理与解析

同其他电化学测量方法一样，进行电化学阻抗谱测量的最终目的，也是要确定电极反应的历程和动力学机理，并测定反应历程中的电极基本过程的动力学参数或某些物理参数。其数据结果是根据测量得到的交流阻抗数据绘制的 EIS 谱图。若要实现测量目的，就必须对 EIS 谱图进行分析，最常采用的分析方法是曲线拟合的方法。对电化学阻抗谱进行曲线拟合时，必须首先建立电极过程合理的物理模型和数学模型，该物理模型和数学模型可揭示电极反应的历程和动力学机理，然后进一步确定数学模型中待定参数的参数值，从而得到相关的动力学参数或物理参数。用于曲线拟合的数学模型分为两类：一类是等效电路模型，等效电路模型中的待定参数就是电路中的元件参数；另一类是数学关系式模型。等效电路模型更常被采用。

确定阻抗谱所对应的等效电路或数学关系式与确定这种等效电路中的有关参数的值是 EIS 数据处理的两个步骤。这两个步骤是互相联系、有机地结合在一起的。一方面，参数的确定必须根据一定的数学模型来进行，所以往往要先提出一个适合于实测的阻抗谱数据的等效电路或数学关系式，然后进行参数值的确定。另一方面，如果将确定的参数值按提出的数学模型计算，所得结果与实测的阻抗谱吻合得很好，就说明所提出的等效电路模型很可能是正确的；反之，若求解的结果与实测阻抗谱相差甚远，就有必要重新审查原来提出的数学模型是否正确，是否要进行修正。所以根据实测 EIS 数据对有关的参数值的拟合结果又成为模型选择是否正确的判据。

在确定物理模型和数学模型方面，必须综合多方面的信息。例如，可以考虑阻抗谱的特征（如阻抗谱中含有的时间常数的个数），也可考虑其他有关的电化学知识（往往是特定研究领域中积累的知识），还可以对阻抗谱进行分解，逐个求解阻抗谱中各个时间常数所对应的等效元件的参数初值，在各部分阻抗谱的求解和扣除过程中建立起等效电路的具体形式。一般情况下，如果测得的阻抗谱比较简单，如只有 1 个或 2 个时间常数的阻抗谱，往往可以对其相应的等效电路做出判断，从而采用等效电路模型的方法。

在确定了阻抗谱所对应的等效电路或数学关系式模型后，将阻抗谱对已确定的模型进行曲线拟合，求出等效电路中各等效元件的参数值或数学关系式中的各待定参数的数值，如等效电阻的电阻值、等效电容的电容值、常相位元件（CPE）Y0和 n 的数值等。

曲线拟合是阻抗谱数据处理的核心问题，必须很好地解决阻抗谱曲线拟合问题。由于阻抗是频率的非线性函数，一般采用非线性最小二乘法进行曲线拟合。所谓曲线拟合就是确定数学模型中待定参数的数值，使得由此确定的模型的理论曲线最佳，逼近实验的测量数据。电化学阻抗数据的非线性最小二乘法拟合（nonlinear least square fit，NLLSfit）是基于以下原理。在进行阻抗测量时，我们得到的测量数据是一系列不同频率下的负数阻抗：

$$\boldsymbol{g}_i=\boldsymbol{g}_i'+j\boldsymbol{g}_i' \tag{4-3}$$

确定了阻抗谱所对应的数学模型之后，就可以写出这一模型的阻抗表达式：

$$\boldsymbol{G}=\boldsymbol{G}'(\omega,C_1,C_2,\cdots,C_m)+j\boldsymbol{G}''(\omega,C_1,C_2,\cdots,C_m) \tag{4-4}$$

式中，C_1、C_2、C_m 为数学模型中的待定参数。

对于任一频率 ω，可以计算出数学模型确定的理论阻抗值：

$$\boldsymbol{G}_i=\boldsymbol{G}_i'(\omega_i,C_1,C_2,\cdots,C_m)+j\boldsymbol{G}_i''(\omega_i,C_1,C_2,\cdots,C_m) \tag{4-5}$$

实测阻抗数据和理论数据计算阻抗数据的差值为：

$$\boldsymbol{D}_i=\boldsymbol{g}_i-\boldsymbol{G}_i=(\boldsymbol{g}_i'-\boldsymbol{G}_i')+j(\boldsymbol{g}_i''-\boldsymbol{G}_i'') \tag{4-6}$$

$\boldsymbol{g}_i$ 和 $\boldsymbol{G}_i$ 在复平面上各代表一个矢量，因此 $\boldsymbol{D}_i$ 是这两个矢量之差，也是一个矢量。这个矢量的模值，即它的长度为：

$$|\boldsymbol{D}_i|=\sqrt{(\boldsymbol{g}_i'-\boldsymbol{G}_i')^2+(\boldsymbol{g}_i''-\boldsymbol{G}_i'')^2} \tag{4-7}$$

在阻抗数据的非线性最小二乘法拟合中，就是以 $\sum W_i|\boldsymbol{D}_i|^2$ 作为目标函数，即：

$$S=\sum W_i|\boldsymbol{D}_i|^2=\sum_{i=1}^{n}W_i(\boldsymbol{g}_i'-\boldsymbol{G}_i')^2+\sum_{i=1}^{n}W_i(\boldsymbol{g}_i''-\boldsymbol{G}_i'')^2 \tag{4-8}$$

式中，W_i 为各不同频率数据的权重。

阻抗数据拟合过程就是通过迭代，逐步调整并最终确定数学模型中各待定参数的最佳数值，使得目标函数 S 为最小。

依据等效电路模型，采用非线性最小二乘法拟合技术来解析电化学阻抗谱的软件（如 Zview 软件、Zsimpwin 软件等），可以很好地完成多数的阻抗数据分析工作。通常在进行曲线拟合前，需要确定等效电路中各元件参数的合理初始估计值，这通常是通过对复数平面图上的圆和直线进行简单分析来实现的。有的阻抗数据解析软件，由于采用了单纯形算法（simplex algorithm），无需事先确定等效电路元件参数的初始值，即可直接进行迭代拟合。

拟合后的目标函数值通常用 x^2 值来表示，代表了拟合的质量，此值越低，拟合越好，其合理值应在 10^{-4} 数量级或更低。另外，还可以观察所谓的“残差曲线”，该曲线表示阻抗的实验值和计算值之间的差别，残差曲线的数值越小越好，而且应围绕计算值随机分布，否则拟合使用的电路可能不合适。

但是，电化学阻抗和等效电路之间并不存在一一对应关系。很常见的一种情况是，同一个阻抗谱往往可用多个等效电路进行很好地拟合。

4.4 材料防腐性能表征分析

电化学测试方法经过几十年的发展，按外加信号分类大致可以分为直流测试和交流测试，按体系状态分类可以分为稳态测试和暂态测试。直流测试包括动电位极化曲线、线性极化法、循环极化法、循环伏安法、恒电流/恒电位法等；而交流测试则包括阻抗测试和电容测试。稳态测试方法，通常包括动电位极化曲线、线性极化法、循环极化法、循环伏安法、电化学阻抗谱；而暂态测试包括恒电流/恒电位法、电流阶跃/电位阶跃法和电化学噪声法。在诸多的电化学测试方法中，动电位极化曲线法是最基本，也是最常用的方法。

AISI4340 高强度钢是美国 20 世纪 40 年代研制的高强度中碳低合金钢，经淬火和低温回火后抗拉强度可达 1900MPa 以上。AMS4340M 在 AISI4340 钢的基础上增加了 Si、V 等元素的含量，进一步提高了材料的综合性能，因此，广泛应用于飞机起落架的制造。我国幅员辽阔，地理环境差异大，飞机起落架在长期服役过程中，复杂的腐蚀环境会加剧起落架的材料损伤，造成重大损失。根据某地区飞机的实际服役环境，采用动电位极化、电化学阻抗对 AMS4340M 钢的电化学性能进行研究，进一步掌握 AMS4340M 高强度钢在服役过程中的腐蚀特征，为 AMS4340M 高强度钢设备的研制和使用提供基础技术支持。

(1) AMS4340M 钢在 3.5%NaCl 溶液中的动电位极化曲线

图 4-4 为 AMS4340M 钢在 3.5%NaCl 溶液中的动电位极化曲线，表 4-3 给出

了不同腐蚀时间下 AMS4340M 钢在 3.5%NaCl 溶液中的极化曲线拟合结果。

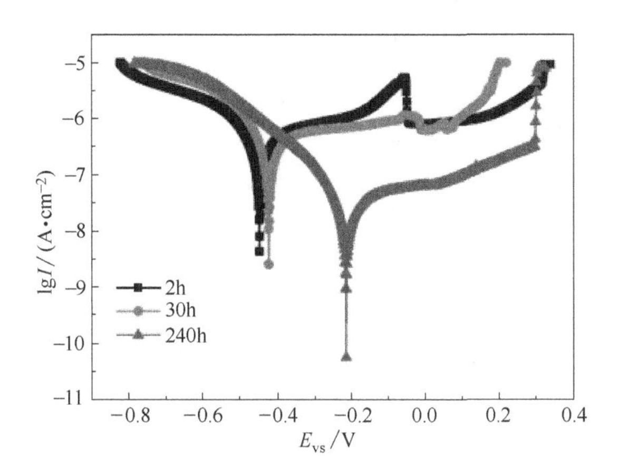

图 4-4 AMS4340M 钢在 3.5%NaCl 溶液中的动电位极化曲线

表 4-3 不同腐蚀时间下 AMS4340M 钢在 3.5%NaCl 溶液中的极化曲线拟合结果

腐蚀时间/h	E_{corr} /mV	I_{corr} /(μA·cm^{-2})	β_a /(mV·dec^{-1})	β_c /(mV·dec^{-1})
2	−450.793	0.104	72.4	44.4
30	−425.089	0.069	79.3	36.3
240	−224.915	0.004	164.6	49.7

合金表现为典型的钝化极化曲线特征，在腐蚀的初始阶段，合金的活化钝化特征较为明显，随着浸泡时间的延长，钝化电位逐渐正移。自腐蚀电位（E_{corr}）随腐蚀时间的延长逐渐增大，浸泡 2h 和浸泡 30h 以后合金的自腐蚀电位（E_{corr}）较为接近，约为−450mV；浸泡 240h 时合金的自腐蚀电位最正，约为−225mV。这说明在腐蚀初期阶段，随着腐蚀时间的延长，合金的耐腐性能有所提高。自腐蚀电流密度（I_{corr}）随着浸泡时间的延长逐渐减小，合金的腐蚀速率逐渐减弱。在腐蚀初期阶段，基体表面的钝化膜处于形成阶段，因此，基体的腐蚀速率较大，随着腐蚀时间的延长，基体表面的钝化膜更为稳定，对基体的保护作用较好，因此，基体的腐蚀速率进一步减小。其中，阳极 Tafel 斜率 β_a 随腐蚀时间的延长逐渐增大且变化较大，阴极 Tafel 斜率 β_c 随腐蚀时间的延长变化较小，即阴极极化曲线形状

大致相同。Tafel 斜率 β_c 变化不大，这表明 AMS4340M 钢在 3.5%NaCl 溶液中由阳极活化控制，随着时间的正移，合金的耐腐蚀性增强。

(2) 电化学阻抗谱（EIS）

图 4-5 为 AMS4340M 钢在 3.5%NaCl 溶液中浸泡不同时间的 EIS。

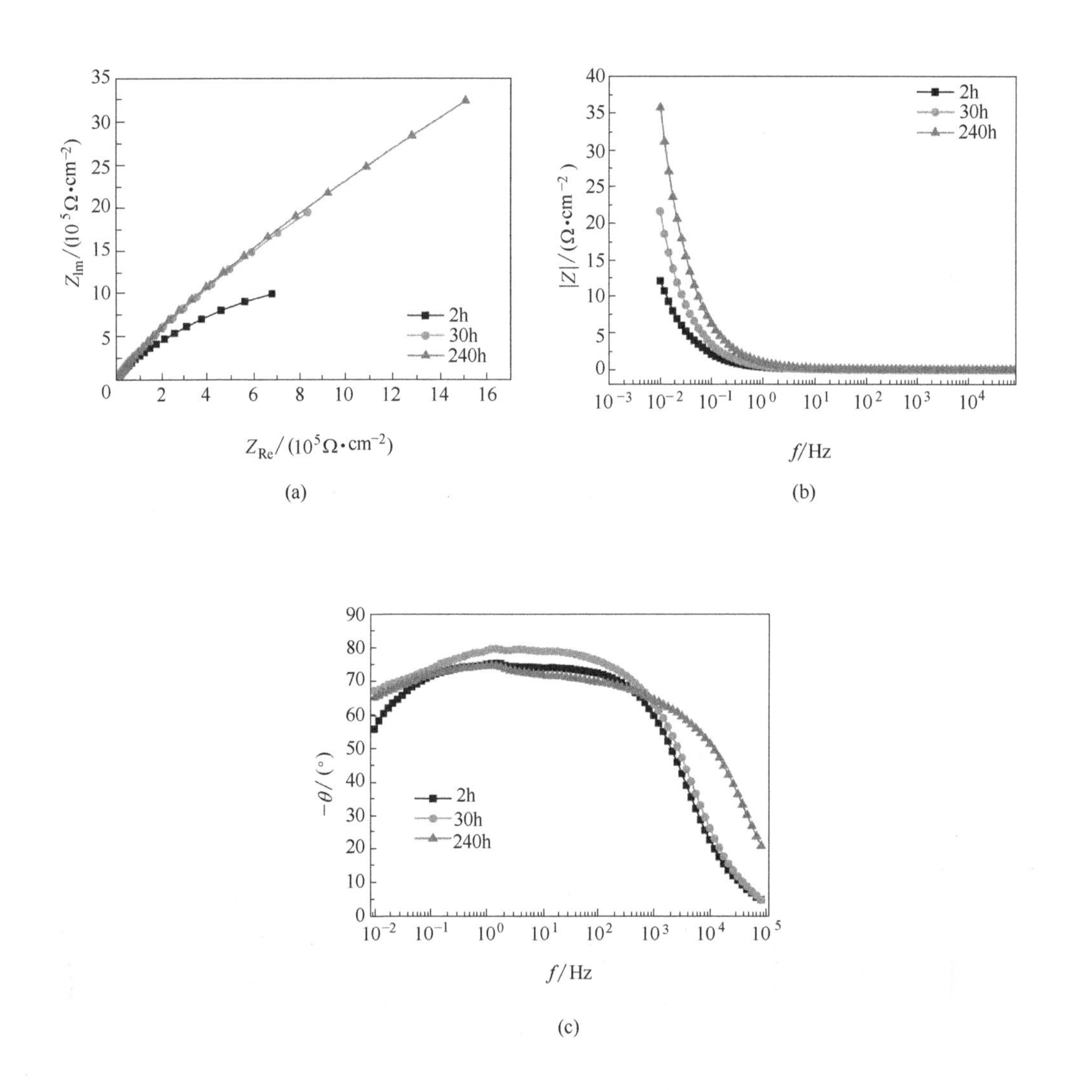

图 4-5　AMS4340M 钢在 3.5%NaCl 溶液中浸泡不同时间的 EIS

从图 4-5 中可以看出：AMS4340M 钢在 3.5%NaCl 溶液中的阻抗谱在高频阶段和低频阶段均由一个容抗弧组成，这表明 AMS4340M 钢在 3.5%NaCl 溶液中的腐蚀过程受电荷转移控制，因此，在图 4-5（c）的 Bode 图中仅有 1 个较大的容抗弧。通常情况下，容抗弧的圆弧半径越大，试样的总阻抗越大。在浸泡的开始阶段（2h），容抗弧半径最小，这说明在浸泡开始阶段，试样的耐腐性能最差。浸泡腐蚀 30h 时，容抗弧半径有所增加，因此基体的耐腐蚀性能增强。浸泡腐蚀 240h 时，AMS4340M 合金的容抗弧半径最大，这说明随着腐蚀时间的延长，合金表面形成的钝化膜对基体的保护越来越强。从图 4-5（b）中可以看出，随着腐蚀时间的延长，AMS4340M 钢的总阻抗逐渐增大，这与图 4-5（a）的分析结果一致。在图 4-5（c）Bode 图的高频区（10^4～10^5Hz）范围内相位角接近于零度，表明在高频区的阻抗主要为溶液阻抗；在中低频区（10^{-1}～10^0Hz）范围内，AMS4340M 钢的相位角达到最大值 θ_{max}，接近－80°。通常情况下，相位角接近－90°时，可以认为试样表面的钝化膜趋于一个纯电容绝缘层，对试样的保护能力较强。随着浸泡时间的延长，基体的相位角均未发生明显减小，说明试样表面的钝化膜致密度稳定性较好，钝化膜对试样的保护能力较强。

图 4-6 为 AMS4340M 钢在 3.5%NaCl 溶液中的 EIS 等效电路。采用 R［Q（RW）］等效电路对图 4-6 的实验结果进行拟合，R_s 为溶液电阻，R_{ct} 和 Q 分别代表漏电电阻和双电层电容的常相位角元件，Z_W 为 Warburg 阻抗，拟合参数如表 4-4 所示。R_s 随浸泡时间的延长变化较小，约为 30Ω・cm^{-2}。R_{ct} 随浸泡时间的延长逐渐增加，说明腐蚀速率逐渐减小，这与动电位极化曲线分析结果一致。

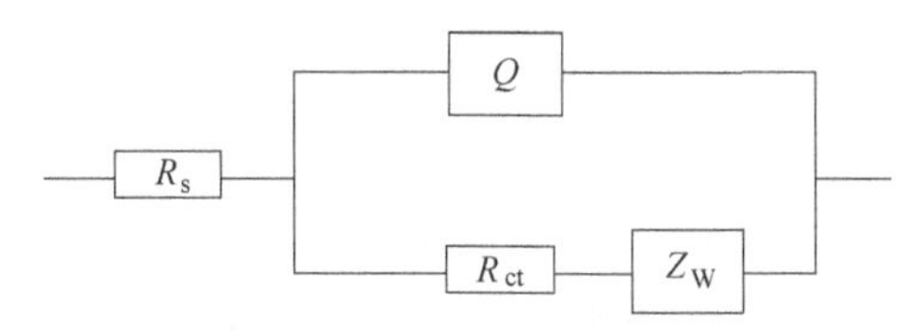

图 4-6 AMS4340M 钢在 3.5%NaCl 溶液中的 EIS 等效电路

表 4-4 AMS4340M 钢在 3.5%NaCl 溶液中的 EIS 拟合结果

腐蚀时间 /h	R_s /(Ω・cm^{-2})	Q /($Ω^{-1}$・cm^{-2}・s)	n_{ct}	R_{ct} /(Ω・cm^{-2})	Z_W /($Ω^{-1}$・cm^{-2}・$s^{0.5}$)
2	31.82	6.67×10^{-6}	0.83	2.86×10^6	4.77×10^{-6}

续表

腐蚀时间/h	R_s /(Ω·cm^{-2})	Q /(Ω^{-1}·cm^{-2}·s)	n_{ct}	R_{ct} /(Ω·cm^{-2})	Z_W /(Ω^{-1}·cm^{-2}·s$^{0.5}$)
30	30.43	4.62×10^{-6}	0.80	3.16×10^{7}	7.76×10^{-7}
240	30.25	2.40×10^{-6}	0.79	4.11×10^{7}	1.44×10^{-3}

思考题

① 材料腐蚀定义是什么？材料防护技术包括哪些方面？

② 全面腐蚀和局部腐蚀有哪些特征？

③ 简述缝隙腐蚀的特征和机理。

④ 腐蚀电化学测试体系和测试装置是什么？简要阐述其作用。

⑤ 试述测量极化曲线的基本原理。

⑥ 简述稳态极化测量都有哪些应用。

⑦ 电化学阻抗谱测量的电极反应历程和动力学机理是什么？

⑧ 活性溶解材料以及钝性材料耐蚀性能评价标准是什么？

参考文献

[1] 李晓刚. 材料腐蚀与防护 [M]. 长沙：中南大学出版社，2009.

[2] 王凤平，敬和民，辛春梅. 腐蚀电化学 [M]. 2版. 北京：化学工业出版社，2017.

[3] 水流彻. 腐蚀电化学及其测量方法 [M]. 侯保荣，译. 北京：科学出版社，2018.

[4] 黄永昌，张建旗. 现代材料腐蚀与防护 [M]. 上海：上海交通大学出版社，2012.

[5] 朱相荣，王相润. 金属材料的海洋腐蚀与防护 [M]. 北京：国防工业出版社，1999.

[6] 胡茂圃. 腐蚀电化学 [M]. 北京：冶金工业出版社，1991.

[7] 张宝宏，丛文博，杨萍. 金属电化学腐蚀与防护 [M]. 北京：化学工业出版社，2005.

[8] 奈斯特·派雷滋. 电化学与腐蚀科学 [M]. 朱永春，等译. 北京：化学工业出版社，2013.

[9] 张晓云，孙志华，刘明辉，等. 40CrNi2Si2MoVA 钢的大气应力腐蚀行为 [J]. 中国腐蚀与防护学报，2006 (05)：275-281.

[10] 王凤平，康万利，敬和民，等. 腐蚀电化学原理、方法及应用 [M]. 北京：化学工业出

版社，2008.

[11] 何先定，王晓光，徐伟. 飞机起落架 AMS4340M 钢在 3.5%NaCl 溶液中腐蚀电化学行为研究 [J]. 腐蚀科学与防护技术，2019，31 (05)：508-514.

[12] 段林峰，张志宇. 化工腐蚀与防护 [M]. 北京：化学工业出版社，2008.

第5章

X射线衍射分析

1895年，德国物理学家伦琴在研究阴极射线时，偶然发现真空管高压放电时，镀有氰亚铂酸钡的硬纸板会发出荧光，他尝试用黑纸板、木板等来遮挡，但仍然产生荧光现象。经过反复实验，伦琴认为这是一种不同于可见光的射线，它不但能量高、直线传播、穿透力强，而且能杀死生物组织和细胞，并具有照相、荧光和电离效应。由于人们当时对这种射线的本质和特性尚不了解，故取名为X射线，后人为纪念伦琴这一伟大的发现，因此又将其称为伦琴射线。

X射线被发现后不久，就在医学上用于骨折诊断和定位（X射线透视学）。后来逐渐把它用于金属材料及机械零件的探伤。1912年，德国物理学家劳厄等人发现了X射线在硫酸铜单晶体中的衍射现象，从而证实X射线是光的一种，具有波动性；同时又证实了晶体结构的周期性，并由此诞生了X射线衍射学。英国物理学家布拉格父子提出了晶面“反射”X射线的概念，用X射线衍射方法测定了NaCl晶体的结构，推导出简单而实用的布拉格方程，它是X射线衍射学的理论基础，由此开创了晶体结构分析的历史。

X射线衍射学除了用来研究晶体的微观结构外，已发展成为应用极广的一门实用科学。现在X射线衍射已经广泛用于物理、化学、材料、冶金、机械、化工、纺织、食品、医药、地质、环境等各个领域。X射线衍射分析在材料科学与工程方面的贡献尤为显著，成为近代材料微观结构与缺陷分析必不可少的重要手段之一。在材料领域中主要是利用X射线在材料中的衍射效应分析材料的内部结构信息，包括物相的定量和定性分析、点阵常数的精确测定、晶粒尺寸的测定、应力的测定、点阵畸变的测定以及单晶取向和多晶织构的测定。

5.1 X射线谱

对X射线管施加不同的电压，测量X射线管中发出的X射线的波长及其对应的强度，得到X射线强度与波长的关系曲线，称为X射线谱。X射线有两种不同的波谱：连续X射线谱和特征X射线谱。见图5-1。

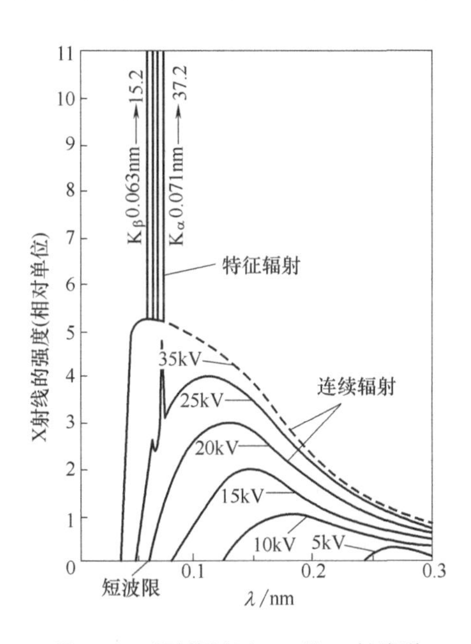

图5-1　不同管压下Mo的X射线谱

5.1.1 连续X射线谱

连续X射线谱由波长连续变化的X射线构成，它和白光相似，是多种波长的混合体，故也称为白色X射线。

在一定的电压下，阴极发射的加速电子具有一定的动能，当电子轰击阳极靶时，电子穿过靶材元素原子核的库仑场时失去能量而减速，电子减少的能量转化成发射的X射线光子能量。大量电子轰击阳极靶时，由于轰击时间不同，穿透靶的深度不同，损失能量也不同。如果电子将全部能量释放，形成的 X 射线光子能量最大，波长最短，为连续的短波限；而有的电子经过多次碰撞逐步释放能量，电子释放的能量转化成不同能量的 X 射线波谱，形成了大于短波限的不同波长的 X 射线谱带。

对于最短波长，电子的动能等于 X 射线光子能量：

$$E=\frac{1}{2}m\nu^2=eV=h\nu_{\max}=\frac{hc}{\lambda_0} \tag{5-1}$$

式（5-1）可以改写为

$$\lambda_0=\frac{hc}{eV} \tag{5-2}$$

式中　e——电子的电荷，等于 1.602×10^{-19}C；

V——电子通过两极时电压降，V（$1V=1J\cdot C^{-1}$）；

h——普朗克常数，等于 $6.626\times10^{-34}J\cdot s$；

ν——X 射线谱中光子的频率；

$\nu_{\max}$——连续 X 射线谱中光子的频率最大值；

c——X 射线速度，等于 $2.998\times10^8 m\cdot s^{-1}$；

λ_0——对应光子波长的最小值，也称为短波限。

代入式（5-2），则

$$\lambda_0=\frac{hc}{eV}=\frac{12.4}{V}\times10^{-7}(m) \tag{5-3}$$

由式（5-3）可知，短波限只与 X 射线管的管电压有关，不受其他因素影响。图 5-2（a）～(c) 为连续谱变化的实验结果图，它们分别表示改变管电压、管电流和靶面材料这三个因素之一时连续谱强度的变化情况。实验结果也表明，连续谱的短波限 λ_0 仅随管电压变化，而不随其他两个因素变化。

连续 X 射线谱中强度最大的位置不在 λ_0 附近，这是因为 X 射线的强度不仅取决于光子的能量，还取决于单位时间通过单位面积的光子的数量 n，即强度 $I\propto nh\nu$。如果把连续谱中强度最大处的波长记为 λ_m，一般有如下的经验规律：

$$\lambda_m=1.5\lambda_0 \tag{5-4}$$

连续 X 射线谱中每条曲线下的面积表示连续谱的总强度 $I_{连}$，即阳极靶辐射出的 X 射线的总能量。

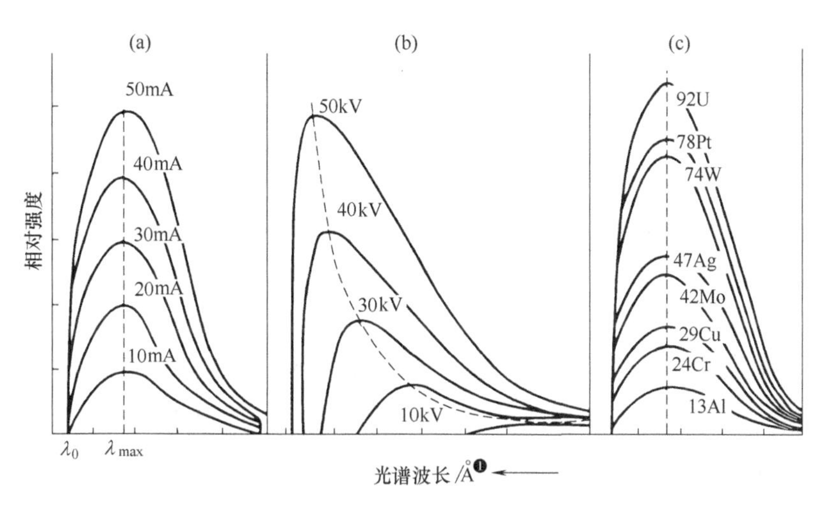

图 5-2 影响连续 X 射线谱分布的若干参数

$$I_{连}=\int_{\lambda_0}^{\infty} I\,\mathrm{d}\lambda \tag{5-5}$$

实验证明，$I_{连}$与管电压 V、管电流 i 和阳极靶的原子序数 Z 满足如下关系式：

$$I_{连}=K_1 iZV^m \tag{5-6}$$

式中 K_1——常数；

m——常数，约等于 2。

由式（5-6）可知，当实验工作需要比较强的连续谱时，应选用原子序数较高的材料作为 X 射线管的阳极靶。

X 射线管的效率 η 为

$$\eta=\frac{\text{X 射线的功率}}{\text{电子流的功率}}=\frac{K_1 iZV^2}{iV}=K_1 ZV \tag{5-7}$$

式中 K_1——约为 $(1.1\sim1.4)\times10^{-9}$。

当用钨阳极（$Z=74$），管电压为 100kV 时，X 射线管效率约为 1%或者更低。因为管中电子的能量绝大部分在和阳极靶撞击时产生热能而损失，只有极小部分输入的能量转化为 X 射线能，故效率极低，必须设法强烈地冷却阴极，并采用高熔点的钨、钼或者导热性好的银、铜等金属作为阳极，尽可能施加高电压，以获得较

[1] 1Å=0.1nm。

高的效率和较强的 X 射线。

5.1.2 特征 X 射线谱

特征 X 射线谱又称标识谱，是单色 X 射线。它是若干波长一定而强度较大的 X 射线谱。特征 X 射线谱体现了靶材的特征，和靶材元素的原子结构及原子内层电子跃迁过程有关，是样品的又一激发源。

特征谱是高速运动的电子把 X 射线管靶物质原子的内层电子击出后，其外层电子跃迁到内层空位时，把多余能量以 X 射线的形式辐射出来而产生的。根据量子理论，电子处于稳定时不发出任何辐射，只有电子从能量较高的态 ε_2 跃迁到能量较低的态 ε_1 时才发出辐射。

$$h\nu=\varepsilon_2-\varepsilon_1 \tag{5-8}$$

式中 h——普朗克常数；

ν——X 射线谱中光子的频率。

原子内的电子分布按 Bohr 模型分别处在 K、L、M 等壳层上，如图 5-3 所示。当靠近原子核的最内层 K 层的电子层被击出时，由高层电子填补 K 层空位产生的特征 X 射线称为 K 系特征 X 射线，由 $L_{Ⅲ}$ 和 $L_{Ⅱ}$ 层电子填补 K 层空位时分别发射 $K_{\alpha1}$ 和 $K_{\alpha2}$ 特征 X 射线；由 $M_{Ⅲ}$ 层电子填补 K 层空位时，产生 $K_{\beta1}$ 等特征 X 射线；当 L 层产生空位时，则由 M 层电子填补 L 层空位，产生 L 系特征 X 射线；由 $M_{Ⅴ}$ 、$M_{Ⅳ}$ 层电子填补 L 层空位时，分别发射 $L_{\alpha1}$ 、$L_{\alpha2}$ 和 $L_{\beta1}$ 等特征 X 射线。

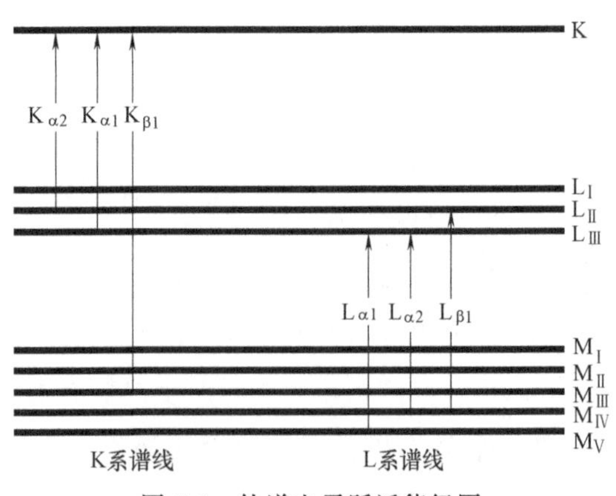

图 5-3 轨道电子跃迁能级图

莫塞莱在研究各种元素的特征 X 射线时发现，同系特征 X 射线的波长，随阳极靶的原子序数的增加而变短，射线频率 ν 与元素的原子序数 Z 之间存在一种近似的函数关系：

$$\sqrt{\nu}=k(Z-\sigma) \tag{5-9}$$

式中 k——常数；

σ——屏蔽因子。

根据莫塞莱定律，可以将实验结果得到的未知元素及新的人造元素的特征 X 射线谱与推算出来的数值相比较，从而证实这些元素的存在，并确定它们在元素周期表中的位置。该定律还是 X 射线波谱分析的依据。

每一条特征谱线的强度要比周围连续谱的强度高得多，主谱线的强度一般比周围连续谱的强度高 4～6 个数量级。在晶体衍射工作中，经常使用 K 系特征 X 射线，所用的阳极靶为银、钼、铜、钴、铁、铬等的 K 系特征 X 射线波长及其他有关数据见表 5-1。

表 5-1　X 射线衍射研究中常用阳极靶的特征谱线

阳极靶		特征谱线波长/Å				K 吸收限/Å	K 系激发电压/kV	β 滤光片	
元素	Z	$K_{\alpha1}$	$K_{\alpha2}$	K_{α}	K_{β}			元素	Z
Ag	47	0.55941	0.56380	0.56084	0.49707	0.4859	25.52	Rh	45
Mo	42	0.70930	0.71359	0.71073	0.63229	0.6198	20.00	Zr	40
Cu	29	2.54056	2.54439	2.54184	2.39222	2.3806	8.98	Ni	28
Co	27	2.78897	2.79285	2.79026	2.62079	2.6082	7.71	Fe	26
Fe	26	2.93604	2.93998	2.93735	2.75661	2.7435	7.11	Mn	25
Cr	24	2.28970	2.29361	2.29100	2.08487	2.0702	5.99	V	23

5.2 X 射线与物质的相互作用

1985 年，德国著名的物理学家伦琴在研究阴极射线时发现了 X 射线，并因此获得了诺贝尔奖。1912 年，劳厄用晶体衍射实验证明了 X 射线是光子辐射，光子是不带电粒子，其本质上是波长比紫外线短的电磁波，因此 X 射线作为一种电磁波，也具有光的特性，具有反射、干涉、衍射、散射等现象以及波粒二象性。同时，X 射线是一种频率极高、波长极短、能量很大的电磁波，X 射线的频率和能量仅次于伽马射线，频率范围 30PHz～300EHz，对应波长为 1pm～10nm，能量为 124eV～1.24MeV。X 射线沿直线传播，具有较强的穿透性，能穿透物质并且能被物质吸收从而减弱。X 射线能使某些物质发生光化学反应，使某些特定物质发出可见的荧光，也能使气体等物质电离，如使胶片感光等。

当 X 射线照射在物质表面上，主要会产生吸收和散射两种效应。因为固体物质可以吸收一部分射线，并可以使 X 射线在固体表面发生散射，因此使 X 射线的强度衰减。

5.2.1 X 射线散射

X 射线散射是 X 射线与物质在相互作用时，由于 X 射线光子与原子内的束缚电子相碰撞（仅发生弹性碰撞），因此只改变光子的方向，其能量不受损失，称这种现象为 X 射线的散射。在散射现象中，当散射线波长与入射线相同时，相位滞后恒定，散射线之间能互相干涉，称为相干散射。而相干散射波之间产生相互干涉，就可获得衍射，故相干散射是 X 射线衍射技术的基础。

当入射 X 射线光子与原子中束缚较弱的电子（如外层电子）发生非弹性碰撞时，光子消耗一部分能量作为电子的动能，于是电子被撞出原子之外，同时发出波长变长、能量降低的非相干散射或康普顿（Compton）散射。因其分布在各个方向上，波长变长，相位与入射线之间也没有固定的关系，故不产生相互干涉，也就不能产生衍射，只会成为衍射谱的背底，给衍射分析工作带来干扰和不利的影响。

(1) 相干散射

电子在 X 射线作用下，产生强迫振动，每个电子在各方向产生与入射 X 射线同频率的电磁波，新的散射波之间发生的干涉现象就称为相干散射。其中具有代表性的为汤姆孙散射，汤姆孙散射公式：

$$I_e = I_0 \frac{e^4}{R^2 m^2 c^4}\left[\frac{1+\cos^2(2\theta)}{2}\right] = I_0 \frac{7.9\times 10^{-26}}{R^2}\left[\frac{1+\cos^2(2\theta)}{2}\right] \tag{5-10}$$

式中　I_e——散射 X 射线强度；

I_0——入射 X 射线强度；

e——电子电荷；

m——电子质量；

c——光速；

2θ——电场中任一点到原点连线与入射 X 射线方向的夹角；

R——电场中任一点到发生散射的电子之间的距离；

$f_e=\frac{e^2}{mc^2}$——电子的散射因子；

$\frac{1+\cos^2(2\theta)}{2}$——极化因子或偏振因子。

其中需要注意以下几点：

① 在各个方向上散射强度不同，$2\theta=0°$处强度最强，$2\theta=90°$处强度最弱。

② 散射波强度与入射波频率无关。

③ 散射强度与入射强度相比很弱。

(2) 非相干散射

X 射线光子与束缚力不大的外层电子或者自由电子发生非弹性碰撞时，使电子获得一部分动能成为反冲电子，改变了 X 射线光子离开的原来方向，其能量减小，波长增加，散射线与入射线之间不存在位相关系，不能产生任何干涉效应，因此它将在衍射图上形成连续背景。

1923 年，美国物理学家康普顿在研究 X 射线通过实物物质发生散射的实验时发现了一个新的现象，即散射光中除了有原波长的 X 射线外还产生了更长波长的 X 射线，其波长的增量随散射角的不同而变化，随后便产生了康普顿效应，用量子理论描述，亦称量子散射，增加连续背景，给衍射图像带来不利的影响，特别对轻元素的影响较大。

5.2.2 X 射线真吸收

当一束强度为 I_0 的 X 射线穿过厚度为 dx 的样品后，X 射线的强度会因为样品的吸收而衰减，强度减少的量 $-dI$ 正比于 dx 和强度 $I(x)$ 的乘积，引入衰减系数 μ，由此可得：

$$-dI=\mu I(x)dx \tag{5-11}$$

积分后得：

$$I(x)=I_0e^{-\mu x}=I_0e^{\frac{-x}{x_0}} \tag{5-12}$$

X 射线经过物体后会衰弱，主要是由两种过程导致的，一种为散射，另一种是射线被物体所吸收，由此可得：

$$\mu=\tau+\sigma \tag{5-13}$$

式中 τ——真实的吸收系数；

σ——散射系数。

上式还可以改写为：

$$I=I_0e^{-x\rho\frac{\mu}{\rho}} \tag{5-14}$$

$$\frac{\mu}{\rho}=-\frac{dI}{I(\rho dx)} \tag{5-15}$$

$$\frac{\tau}{\rho}=\frac{dI}{I(\rho dx)}-\frac{\sigma}{\rho} \tag{5-16}$$

式中 ρ——吸收物的密度；

μ/ρ——质量衰减系数，cm^2/mg；

τ/ρ——质量吸收系数，cm^2/mg。

把衰减系数 μ、吸收系数 τ 和散射系数 σ，用单位厚度以及单位截面中的原子数去除可以得到原子的衰减系数、原子的吸收系数以及原子的散射系数：

$$\mu_a=\frac{\mu}{\frac{\rho n}{A}} \quad \tau_a=\frac{\tau}{\frac{\rho n}{A}} \quad \sigma_a=\frac{\sigma}{\frac{\rho n}{A}}$$

从实验中可以证明，τ_a 同射线的波长 λ 和吸收物体的原子序数 Z 有一定的关系，其关系如下：

$$\tau_a=CZ^4\lambda^3 \tag{5-17}$$

式中 C——一定波长的范围中是一个常数。

上式说明，波长越短的射线，物体的吸收量越少；原子序数越高的吸收能力越强。

$$\frac{\tau}{\rho}=\tau_a\frac{n}{A}=\frac{Cn}{A}Z^4\lambda^3 \tag{5-18}$$

$$\tau_a=CZ^4\lambda^3$$

式中 n——原子数；

A——阿伏伽德罗常数；

Z——原子序数。

吸收系数随着 X 射线光子能量的增加而下降，其原因是 X 射线光子能量越高，穿透力就越强。

5.2.3 X 射线衰减

X 射线的衰减公式推导：设入射的 X 射线的强度为 I_0，穿过厚度为 P 的物质后 X 射线的强度为 I。在被照射的物质中取一块深度为 x 的厚度元 dx，照到此厚度元上的 X 射线的强度为 I_x，透过此厚度元的 X 射线的强度为 I_{x+dx}，其中，μ_l 为线衰减系数，又称线吸收系数，则强度改变为：

$$dI_x = I_{x+dx} + I_x \tag{5-19}$$

$$\frac{I_{x+dx} + I_x}{I_x} = \frac{dI_x}{I_x} = -\mu_l dx \tag{5-20}$$

当 $x=0$ 时，

$$I_x = I_0$$

$$I/I_0 = e^{-\mu_l x}$$

X 射线的衰减主要包括距离和物质两方面所导致的衰减。其中距离所引起的 X 射线的衰减主要是因为：从 X 射线发生管焦点出发的 X 射线，向空间各个方向发出辐射，在以焦点为中心而半径不同的球面上的 X 射线的强度与距离（即半径）的平方成反比，这叫作 X 射线强度衰弱的平方反比法则。

由于物质本身特性所影响的 X 射线的衰减，是由于 X 射线的光子与构成物质的原子相互发生作用而产生的光电效应、康普顿效应以及电子对效应等，在此过程中由于散射和吸收作用使得 X 射线的强度衰减，其衰减程度不但与物质的性质和厚度有关，而且还取决于一定的辐射自身属性。X 射线穿过物质时衰减程度主要取决于以下因素：

(1) X 射线本身的性质

一般来讲，入射光子的能量越大，X 射线的穿透能力就越强。

(2) 物质的密度

吸收物质的密度与 X 射线的减弱影响是正比关系，如果物质密度加倍，则它对 X 射线的衰减也要加倍。

(3) 原子序数

一般来讲，原子序数越大，对 X 射线的吸收能力就越强。

(4) 每千克物质含有的电子数

X 射线的衰减与物质在一定厚度内所含的电子数目有关，每克所含有电子数多的物质比电子数少的物质更容易衰减 X 射线。

5.2.4 吸收限的应用

吸收限为 X 射线性状的特殊标识量，并且与原子中电子占有的确定能级有关。吸收限一般指引起原子内层电子跃迁的最低能量。吸收限主要是由光电效应引起的：当 X 射线的波长小于或者等于 λ_K 时，光子含有的能量已经到达可以击出一个 K 层电子所需要的功 W，X 射线被电子吸收，从而激发光电效应，λ_K 称为 K 系激发限，若讨论的 X 射线被物质吸收时，λ_K 又称为吸收限。吸收限与原子能级的精细结构相互对应，如 L 系有两个副层，则有两个吸收限。

吸收限的应用如下。

(1) 滤波片的选择

吸收限位于 K_α 和 K_β 之间，尽量靠近 K_α，强烈吸收 K_β，K_α 吸收很小。

$Z_{靶}<40$ 时，$Z_{滤片}=Z_{靶}-1$

$Z_{靶}>40$ 时，$Z_{滤片}=Z_{靶}-2$

因此，滤波片厚度的设置以 K_α 强度降低一半最佳。

(2) 阳极靶的选择

① 阳极靶 K 的波长稍大于试样的 K 的吸收限。

② 试样对 X 射线的吸收最小，$Z_{靶}\leqslant Z_{试样}+1$。

5.3 X 射线的衍射原理

X 射线与原子周期性排列的晶体物质发生作用，在空间某些方向上发生相干增强，而在其他方向上发生相干抵消，我们把这种现象称为衍射。衍射是入射线受晶体内周期性排列的原子的作用，产生相干散射的结果。衍射的本质是大量的原子散射波在空间发生干涉的结果。每种晶体所产生的衍射花样都反映出晶体内部的原子分布规律。衍射花样的特征概括地讲由两个方面组成：一方面是衍射线在空间的分布规律（称之为衍射方向）；另一方面是衍射线束的强度。衍射线的分布规律即衍射方向是由晶胞的大小、形状和位向决定的，而衍射强度则由原子在晶胞中的位置决定。本节主要从这两个方面展开讨论。

5.3.1 X射线的衍射方向

(1) 布拉格方程的导出

X射线在晶体中的相干散射还需做以下近似和假设：X射线是平行光，且有单一波长（单色），电子皆集中在原子中心，原子不做热振动，即假设原子间距无任何变化。

先考虑同一晶面上的原子的散射线叠加条件。当一束平行X射线以θ角投射到一原子面上时，其中任意两个原子A、B的散射波在原子面反射方向上的光程差为

$$CB-AD=AB\cos\theta-AB\cos\theta=0 \tag{5-21}$$

光程差为0，相位相同，是干涉加强方向。因此，同一原子面上所有原子散射波在反射方向上的相位均相同，互相干涉加强。X射线不仅可照射到晶体表面，而且可以照射到晶体内一系列平行的原子面。如果相邻两个晶面的反射线的相位差为2的整数倍（或波程差为波长的整数倍），则所有平面的反射线可一致加强，从而在该方向上获得衍射。

如图5-4所示，一束X射线（波长λ）以θ角投射到面间距为d的一组平行、相邻原子面P_1、P_2上，经A、B两原子反射的散射波光程差为

$$EB+BF=d\sin\theta+d\sin\theta=2d\sin\theta \tag{5-22}$$

散射波干涉互相加强的条件为

$$2d\sin\theta=n\lambda\,(n=1,\ 2,\ \cdots) \tag{5-23}$$

式中 n——整数，称为反射级数；

θ——入射线与衍射晶面的夹角，称为布拉格角或掠射角；

2θ——入射线与衍射线间的夹角，称为衍射角；

d——晶面间距。

这就是著名的布拉格方程，它是X射线衍射最基本的定律。

当一束单色且平行的X射线照射晶体，满足布拉格方程的晶面上所有原子散

射波：相位相同，相互干涉，则与入射线成 2θ 角，衍射线振幅加强，称为“相长干涉”。其他方向散射波强度减弱，抵消为零，称为“相消干涉”。

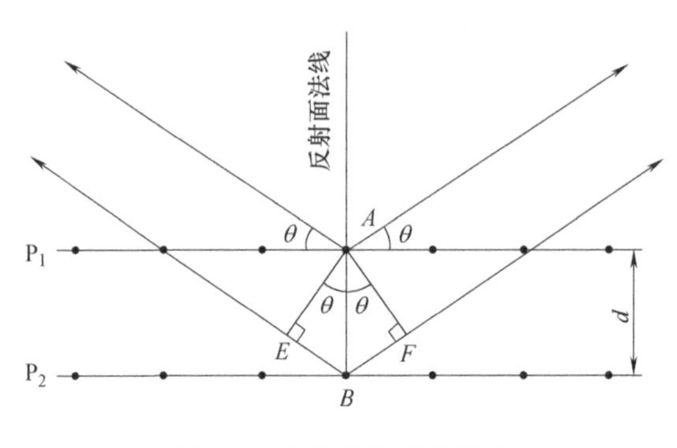

图 5-4　布拉格方程的导出

(2) 布拉格方程的讨论

① 产生衍射的条件。在晶体中产生衍射的波长是有限度的。在电磁波的宽阔波长范围里，只有在 X 射线波长范围内的电磁波才适合探测晶体结构。这个结论可以从布拉格方程中得出。因为 $n\lambda/2d=\sin\theta\leqslant 1$，又由于产生衍射时 n 的最小值为 1，所以 $\lambda\leqslant 2d$，即能够被晶体衍射的电磁波的波长必须小于参加反射的晶面中最大面间距的 2 倍，否则不会产生衍射现象。但是波长过短导致衍射角过小，使衍射现象难以观测，也不宜使用。当 X 射线波长一定时，晶体中有可能参加反射的晶面族也是有限的，它们必须满足 $d\geqslant\lambda/2$，即只有晶面间距大于或等于 X 射线半波长的晶面才能发生衍射，因此可以利用这个关系来判断一定条件下所能出现的衍射数目的多少。

② 反射级数与干涉指数。布拉格方程 $2d\sin\theta=n\lambda$ 中，n 为反射级数，表示面间距为 d 的（hkl）晶面上产生了几级衍射，但衍射线出来之后，我们关心的是光斑的位置而不是级数，事实上级数也难以判别，故索性把布拉格方程改写成

$$2(d_{hkl}/n)\sin\theta=\lambda$$

这样，原本（hkl）晶面的 n 级衍射可以看成是虚拟晶面（HKL）的一级反射，该虚拟晶面平行于（hkl），但晶面间距为 d_{hkl} 的 $1/n$。该虚拟晶面（HKL）又称干涉面，（HKL）为干涉面指数，简称干涉指数。

根据晶面指数的定义可以得出干涉指数与晶面指数之间的关系为：$H=nh$，$K=nk$，$L=nl$。干涉指数与晶面指数的明显差别是干涉指数中有公约数，而当

$n=1$ 时，干涉指数互质，干涉面就代表一族真实的反射晶面，因此，干涉指数实际上是广义的晶面指数。

③ 掠射角。掠射角是入射线或反射线与衍射晶面的夹角，可以表征衍射的方向。如果将布拉格方程改写为 $\sin\theta=\lambda/2d$，则可表达出两个概念。首先，对于固定的波长 λ，晶面 d 值相同时只能在相同情况下获得反射，因此当采用单色 X 射线照射多晶体时，各相同 d 值晶面的反射线将有着确定的衍射方向。其次，对于固定的波长 λ，d 值减小的同时则 θ 角增大，这就是说，间距较小的晶面，其布拉格角必然较大。

④ 布拉格方程的应用。布拉格方程式是 X 射线衍射分析中最重要的基础公式，它形式简单，能够说明衍射的基本关系，所以应用非常广泛。从实验角度可归结为两方面的应用：一方面是晶体结构分析，用已知波长的 X 射线照射晶体，通过衍射角的测量求得晶体中各晶面的面间距，从而揭示晶体的结构；另一方面 X 射线光谱成分分析，用一种已知面间距的晶体来反射从试样发射出来的 X 射线，通过测量衍射角 θ 可以求得 X 射线的波长，从而确定样品的组成元素，这就是 X 射线光谱学，如 X 射线荧光元素分析和电子探针波谱分析，可定性、定量地分析材料所含的元素。

5.3.2 X 射线的衍射强度

布拉格方程解决了衍射束的方向问题。它反映了晶体晶格类型和晶胞的尺寸，但不能反映原子在晶胞中的位置及原子的种类。即通过测定衍射束的方向，可以测出晶胞的形状和尺寸，但不能测定原子在晶胞中的位置及原子的种类。研究原子在晶胞中的位置及原子的种类需靠衍射强度理论来解决。

(1) X 射线衍射强度的处理过程

影响 X 射线衍射强度的因素较多，问题较为复杂。X 射线衍射强度的处理过程如图 5-5 所示，按照作用单元由小到大进行分析，即单电子衍射强度—单原子衍射强度—单晶胞衍射强度—单晶体衍射强度—多晶体对 X 射线的衍射强度。

在整个过程中，决定 X 射线衍射强度为零还是不为零的主要因素在于一个晶胞对 X 射线的散射强度，而其他因素仅决定着 X 射线衍射强度的大小。下面只讨论晶胞对 X 射线衍射强度的影响。

一个晶胞对 X 射线的衍射强度与结构因子 F（或称结构因素）有关，其表达式为：

$$I=F_{\mathrm{hkl}}^{2}I_{\mathrm{e}} \tag{5-24}$$

式中　F_{hkl}——结构振幅；

I_{e}——一个电子的衍射强度。

式（5-24）表明，结构振幅 F_{hkl} 的平方决定了晶胞的散射强度，故被定义为晶胞结构因子或简称结构因子，如果某些晶面（hkl）对应的结构因子 $|F_{\mathrm{hkl}}|^2=0$，那么，整个衍射强度为零，称之为消光。结构因子 F_{hkl} 是描述晶胞类型和衍射强度之间关系的一个函数。结构因子的数学表达式为：

$$F_{\mathrm{hkl}}=\sum_{j=1}^{n}f_j\exp[2\pi i(hx_j+ky_j+lz_j)] \tag{5-25}$$

式中　n——复杂点阵晶胞中原子个数；

f_j——晶胞中第 j 个原子的原子散射因子；

x_j，y_j，z_j——晶胞内的原子位置，它们都是小于 1 的非整数；

h，k，l——原子所组成晶面的晶面指数，它们都被描述为整数形式。

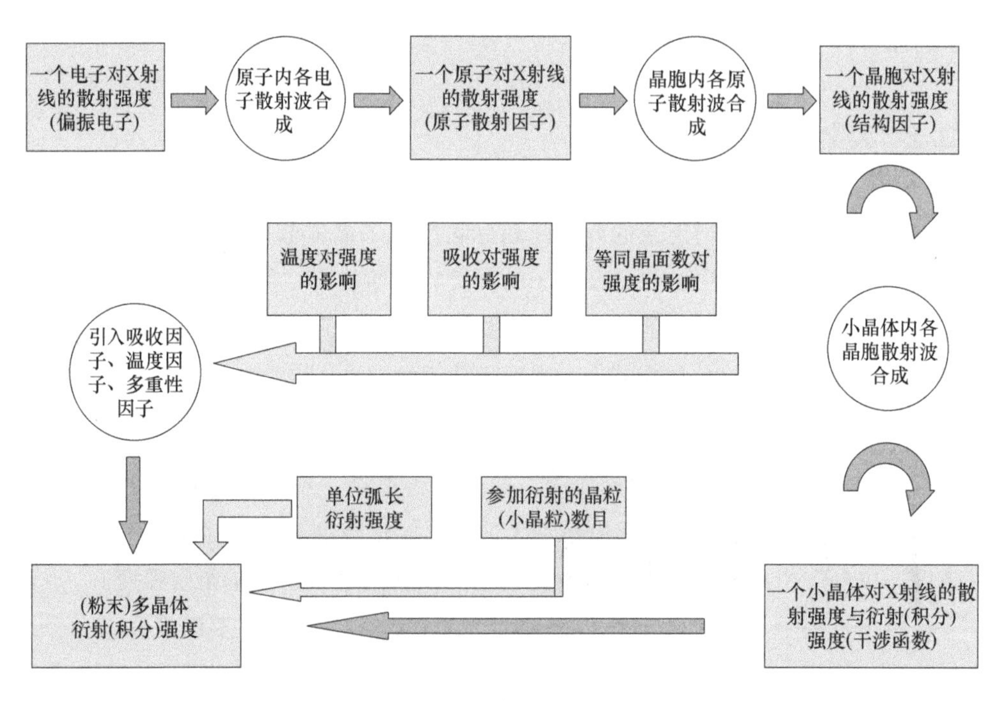

图 5-5　X 射线衍射强度的处理过程

结构因子取决于晶胞中各原子的散射因子 f_j、原子坐标（x，y，z）以及晶面指数（h、k、l），而与点阵常数无关，即不受晶胞的形状和大小的影响。下面将计算一些常见晶体的结构因子，确定其消光条件。

① 简单立方点阵。晶胞中原子数 $n=1$，坐标为（000），原子散射因子为 f，由式（5-25）得到：

$$F_{\text{hkl}}=f\exp[2\pi i(0)]=f \tag{5-26}$$

表明简单立方点阵的结构因子与 h、k、l 无关，不存在消光现象。

② 底心立方点阵。晶胞中原子数 $n=2$，坐标为（000）及（1/2，1/2，0），由式（5-25）得到：

$$F_{\text{hkl}}=f\exp[2\pi i(0)]+f\exp\left[2\pi i\left(\frac{h+k}{2}\right)\right]=f\{1+\exp[\pi i(h+k)]\} \tag{5-27}$$

当 $h+k$ 为偶数时，

$$|F_{\text{hkl}}|^2=4|f|^2$$

当 $h+k$ 为奇数时，

$$|F_{\text{hkl}}|^2=0$$

表明在底心立方点阵中，只有 h、k 之和为偶数（h、k 为全奇或全偶）时，才会出现衍射现象，h、k 之和为奇数（h、k 为奇偶混合）时，则不发生衍射。

③ 体心立方点阵。晶胞中原子数 $n=2$，坐标为（000）及（1/2，1/2，1/2），由式（5-25）得到：

$$\begin{aligned}F_{\text{hkl}}&=f\exp[2\pi i(0)]+f\exp\left[2\pi i\left(\frac{h+k+l}{2}\right)\right]\\&=f\{1+\exp[\pi i(h+k+l)]\}\end{aligned} \tag{5-28}$$

当 $h+k+l$ 为偶数时，

$$|F_{\text{hkl}}|^2=4|f|^2$$

当 $h+k+l$ 为奇数时，

$$|F_{\text{hkl}}|^2=0$$

表明在体心立方点阵中，只有晶面指数之和为偶数时才会出现衍射现象，例如发生衍射的晶面包括（110），（200），（211），（220），（310），…晶面指数之和为奇数时则不发生衍射。

④ 面心立方点阵。晶胞中原子数 $n=4$，坐标为（000），（1/2，1/2，0），（0，

1/2，1/2）及（1/2，0，1/2），由式（5-25）得到：

$$F_{hkl}=f\exp[2\pi(0)]+f\exp\left[2\pi i\left(\frac{h+k}{2}\right)\right]+f\exp\left[2\pi i\left(\frac{h+l}{2}\right)\right]+f\exp\left[2\pi i\left(\frac{k+l}{2}\right)\right] \tag{5-29}$$

当 h、k、l 全为奇数或全为偶数时，

$$|F_{hkl}|^2=16|f|^2$$

当 h、k、l 为奇偶混合时，

$$|F_{hkl}|^2=0$$

表明在面心立方点阵中，只有晶面指数为全奇数或全偶数时才会出现衍射现象，例如发生衍射的晶面包括（111），（200），（220），（311），（222），…晶面指数为奇偶混合时则不发生衍射。

⑤ 密排六方点阵。在最简单情况下，晶胞中原子数 $n=2$，坐标为（000），（1/3，2/3，0），由式（5-25）得到：

$$\begin{aligned}F_{hkl}&=f\exp[2\pi i(0)]+f\exp\left[2\pi i\left(\frac{h+2k}{3}+\frac{l}{2}\right)\right]\\&=f\left\{1+\exp\left[2\pi i\left(\frac{h+2k}{3}+\frac{l}{2}\right)\right]\right\}\end{aligned} \tag{5-30}$$

当 $h+2k=3n$（n 为整数），l 为奇数时，

$$F_{hkl}=0$$

其余情况下 F_{hkl} 均不为 0。

表明在密排六方点阵中，只有同时满足 $h+2k=3n$（n 为整数）且 l 为奇数时才不发生衍射。

（2）多晶体的 X 射线的衍射强度

考虑多重性因子以及温度因子本身对 X 射线吸收的影响，X 射线衍射积分强度公式为：

$$I=I_0\times\left(\frac{e^2}{mc^2}\right)^2\times\frac{\lambda^3}{32\pi R}\times N_c^2P|F_{hkl}|^2\frac{1+\cos^2(2\theta)}{\sin^2\theta\cos\theta}A(\theta)e^{-2M}V \tag{5-31}$$

式中　I_0——X 射线束；

λ——波长；

m——电子质量；

e——电荷；

c——光速；

R——衍射仪测角台半径；

N_c——单位体积晶胞数；

V——单位晶胞体积；

F_{hkl}——结构因子；

P——反射面的多重性因子；

$A(\theta)$——吸收因子；

e^{-2M}——温度因子；

$\frac{1+\cos^2(2\theta)}{\sin^2\theta\cos\theta}$——角因子。

式（5-31）表述了各种因素对入射束强度在透过试样时的影响，是绝对积分强度。但在实际工作中并不适用，实际工作通常是比较衍射强度的相对变化，即相对积分强度。对同一衍射花样中的同一物相的各衍射线相互比较时，可以看出 $I_0 \frac{\lambda^3}{32\pi R}\left(\frac{e^2}{mc^2}\right)\frac{V}{V_{胞}^2}$ 是相同的，所以它们的相对积分强度为：

$$I_{相对}=P\,|F_{hkl}|^2\,\frac{1+\cos^2(2\theta)}{\sin^2\theta\cos\theta}A(\theta)e^{-2M} \tag{5-32}$$

若比较同一衍射花样中不同物相的衍射线强度，还要考虑各物相的被照射体积和它们各自的单胞体积 $V/V_{胞}^2$。

5.4 X射线衍射仪

5.4.1 X射线衍射仪结构原理

目前的X射线衍射仪的形式多种多样，用途各异，但其基本构成很相似。图5-6为X射线衍射仪及其基本构造，主要由X射线发生器、样品台、测角仪、检测器和计算机控制处理系统等组成。

① X射线发生器——产生X射线的装置。

② 测角仪——测量角度 2θ 的装置。

③ 检测器——测量X射线强度的计数装置。

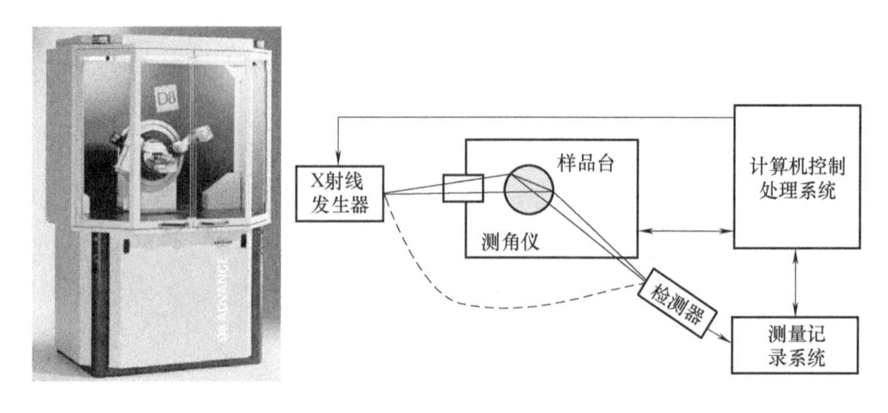

图 5-6　X 射线衍射仪及其基本构造

④ 计算机控制处理系统——数据采集系统和各种电气系统、保护系统。

(1) X 射线发生器

X 射线发生器主要用来提供测量所需的 X 射线，改变 X 射线管阳极靶材质可改变 X 射线的波长，调节阳极电压可控制 X 射线源的强度。X 射线发生器由 X 射线管、高压发生器和控制电路组成。X 射线管主要分密闭式和可拆卸式两种。广泛使用的是密闭式，由阴极灯丝、阳极、聚焦罩等组成，功率大部分在 1～3kW。可拆卸式 X 射线管又称旋转阳极靶，其功率比密闭式大许多倍，一般为 12～60kW。常用的 X 射线靶材有 W、Ag、Mo、Ni、Co、Fe、Cr、Cu 等。选择阳极靶的基本要求是，尽可能避免靶材产生的特征 X 射线激发样品的荧光辐射，以降低衍射花样的背底，使图样清晰。

(2) 测角仪

测角仪是 X 射线衍射仪的核心部件，用来测量衍射角。由光源臂、检测器臂和狭缝系统组成。测角仪又分为水平式和垂直式。在水平式测角仪上，样品垂直放置，样品制备较为烦琐；在垂直式测角仪上，样品水平放置，对样品制备要求低。

狭缝系统用于控制 X 射线的平行度，并决定测角仪的分辨率，包括索拉光阑(也称索拉狭缝)、发散狭缝、接收狭缝、防散射狭缝。

(3) 检测器

检测器的主要功能是将 X 射线光子的能量转换成电脉冲信号。通常用于 X 射线衍射仪的辐射探测器有正比计数器、闪烁计数器和位敏正比探测器。闪烁计数器是各种晶体 X 射线衍射工作中通用性最好的检测器。它是利用 X 射线在某些固体物质（磷光体）中产生的波长在可见光范围内的荧光，再转换为可测量的电流。由于输出的电流和计数器吸收的 X 射线能量成正比，因此可以用来测量衍射线的强度。

闪烁计数器的发光体一般是用微量铊活化的碘化钠（NaI）单晶体。这种晶体经 X 射线激发后发出蓝紫色的光。将这种微弱的光用光电倍增管放大，发光体的蓝紫色光激发光电倍增管的光电面（光阴极）而发出光电子（一次电子），光电倍增管电极由 10 个左右的联极构成，由于一次电子在联极表面上激发二次电子，经联极放大后电子数目按几何级数剧增（约 106 倍），最后输出像正比计数器那样高（几毫伏）的脉冲。

5.4.2 X射线衍射仪样品制备

(1) 块体样品的制备

块体样品的应用范围：块体样品由于存在各向异性，因此，一般只适用于物相的鉴定，而不适用于物相定量分析。但残余应力测量、织构测量和薄膜样品测量则必须是块体样品。块体样品的制备要求有：表面平整清洁；无氧化层和应变层；尺寸在 10 mm×10mm 左右。具体制备过程如下：

① 取样。选用的块体样品应当具有代表性，一些边角余料是不具有代表性的。另外，也要注意取样的方向应当一致。虽然，一般材料都是多晶材料，但或多或少会存在择优取向。特别是一些经过加工的金属板材、丝材，存在严重的择优取向。同方向取样才具有可比性。

② 研磨。测量面必须是一个平面，在研磨过程中不得有弧面形成。研磨时先用粗砂纸粗磨，然后，再用高牌号的细砂纸进行研磨。研磨可以去除表面的氧化膜，也可以消除表面应变层。最后，再用超声波清洗，去除表面的杂质。

③ 样品的固定。将铝空心样品架的正面（光滑平整面，朝下）倒扣在玻璃板上，将块体样品放入样品架的中间位置，测量面朝下倒扣在玻璃板上。再取“真空胶泥”粘住样品架和样品。如果样品很薄而且样品很小时，要特别注意胶泥不能露出测量面，否则，胶泥也会参与衍射，测得的衍射谱中有附加的胶泥衍射峰。

(2) 粉末样品的制备

X 射线衍射的粉末样品要求有：①粒度均匀；②粒度在 10～50μm 左右。具体制备过程如下。

① 制粉。为了保证样品的代表性，应多取一些样品制粉。通常在玛瑙研钵中将样品研成 10～50μm 左右的粉末。粉末不宜过细，避免衍射线的宽化，同时研磨过程注意防止样品发生氧化，可以在氩气保护手套箱中操作。

② 粉末样品的固定。将适量研磨好的细粉填入凹槽，并用平整光滑的玻璃板将其压紧；将槽外或高出样品板面的多余粉末刮去，重新将样品压平，使样品表面与样品板面一样平齐光滑。若是使用带有窗孔的样品板，则把样品板放在一表面平整光滑的玻璃板上，将粉末填入窗孔，捣实压紧即成。

5.5 X 射线衍射图谱分析

5.5.1 定性分析

物相的定性分析是确定物质是由何种物相组成的分析过程。当物质为单质元素或多种元素的机械混合时，则定性分析给出的是该物质的组成元素；当物质的组成元素发生作用时，则定性分析所给出的是该物质的组成相为何种固溶体或化合物。

(1) 基本原理

X 射线的衍射分析是以晶体结构为基础的。由衍射原理知，物质的 X 射线衍射花样与物质内部晶体结构有关。每种物相均有自己特定的结构参数，因而表现出不同的衍射特征，即衍射线的数目、峰位和强度。即使该物相存在于混合物中，也不会改变其衍射花样，其衍射花样为各组成相衍射花样的叠加。如果事前对每种物质都测定一组面间距 d 值和相应的衍射强度（相对强度），并制成卡片，那么，在测定多相混合物的物相时，只需对待测试样测定的一组 d 值和对应的相对强度，与卡片的一组 d 值和相对强度比较，一旦其中的部分线条的 d 和相对强度与卡片记载数据完全吻合，则多相混合物就有卡片记载的物相。同理，可以对多相混合物的其余相逐一进行鉴定。

(2) PDF 卡片

1938 年，Dow 化学公司哈那瓦特（J. D. Hanawalt ）等人公布了上千种物质衍射花样，并将其分类，给出每种物质三条最强线的面间距索引（称为 Hanawalt 索引），制成相应的物相衍射数据卡片。卡片最初由美国材料试验学会（ASTM）出版，所以称为 ASTM 卡片。1969 年，ASTM 和英、法、加等国有关协会组成国际机构“粉末衍射标准联合委员会（JCPDS）”，负责卡片的搜集、校订和编辑工作，因此，以后的卡片称为粉末衍射卡（The Power Diffraction File），简称 PDF 卡，或 JCPDS 卡。

PDF 卡片是科学家多年积累的成果，伴随新的衍射数据的相继发表，PDF 卡片数量日益增加，仅 2004 年就新增 6787 张。同时，原有不够精确和不完全的卡片不断被删除，被更精确更完整的数据文档卡片所代替。目前，PDF 卡片总数已累积到 16 万张。

下面以 NaCl 的 PDF 卡片为例，见图 5-7，说明一下卡片的组成和分区。

1 PDF#05-0628: QM=Common(+); d=Diffractometer; I=(Unknown) PDF Card

2 Halite, syn
NaCl

3 Radiation=CuKa1 Lambda=1.5406 Filter=
Calibration= 2T=27.334-142.231 I/Ic(RIR)=4.4
Ref: Level-1 PDF

4 Cubic, Fm3m(225) Z=4 mp=
CELL: 5.6402 x 5.6402 x 5.6402 <90.0 x 90.0 x 90.0> P.S=
Density(c)=2.168 Density(m)= Mwt= Vol=179.4
Ref: Ibid.

5 Strong Lines: 2.82/X 1.99/6 1.63/2 3.26/1 1.26/1 1.15/1 1.41/1

6 17 Lines, Wavelength to Compute Theta = 1.54056?(Cu), I%-Type = (Unknown)

#	d(?)	I(f)	(h k l)	2-Theta	Theta	1/(2d)	#	d(?)	I(f)	(h k l)	2-Theta	Theta	1/(2d)
1	3.2600	13.0	(1 1 1)	27.334	13.667	0.1534	10	1.0855	1.0	(5 1 1)	90.406	45.203	0.4606
2	2.8210	100.0	(2 0 0)	31.692	15.846	0.1772	11	0.9969	2.0	(4 4 0)	101.189	50.595	0.5016
3	1.9940	55.0	(2 2 0)	45.449	22.724	0.2508	12	0.9533	1.0	(5 3 1)	107.805	53.902	0.5245
4	1.7010	2.0	(3 1 1)	53.852	26.926	0.2939	13	0.9401	3.0	(6 0 0)	110.041	55.021	0.5319
5	1.6280	15.0	(2 2 2)	56.477	28.239	0.3071	14	0.8917	4.0	(6 2 0)	119.499	59.750	0.5607
6	1.4100	6.0	(4 0 0)	66.227	33.113	0.3546	15	0.8601	1.0	(5 3 3)	127.164	63.582	0.5813
7	1.2940	1.0	(3 3 1)	73.064	36.532	0.3864	16	0.8503	3.0	(6 2 2)	129.887	64.944	0.5880
8	1.2610	11.0	(4 2 0)	75.302	37.651	0.3965	17	0.8141	2.0	(4 4 4)	142.231	71.116	0.6142
9	1.1515	7.0	(4 2 2)	83.970	41.985	0.4342							

图 5-7 NaCl 的 PDF 卡片

① 卡片号和数据来源。卡片号由组号（01～99）和组内编号（0001～9999）组成，如 05-0628。

② 物相的化学组成、化学名称和矿物名称。其中 Syn 表示是人工晶体。有些矿物名后还有晶型说明，如 3R、6H 等。

③ 衍射分析的实验条件、RIR 值以及数据来源（Ref.）：靶材、单色器、温度等。

④ 晶体学数据。包括晶型、晶胞参数、Z 值（一个单胞内含有的结构单元数）等。

⑤ 强峰数据，即强峰对应的面间距及相对衍射强度。

⑥ 晶面间距对应的相对强度及晶面指数。

(3) 索引

PDF 卡片的数量是巨大的，要想利用这些卡片顺利地进行物相分析，必须借助于索引，只有通过索引才能得到所需要的卡片。索引分为有机与无机两大类，每类又分为字母索引与数字索引。目前，最行之有效的方法是用计算机进行自动检索。

现代 X 射线衍射系统都配备有自动检索匹配软件，通过图形对比方式检索多物相样品中的物相。从 PDF 库中检索出与被测图谱匹配的物相的过程称为“检索与匹配（Search and Match）”。具体的检索匹配过程可以概括为：根据样品情况，给出样品的已知信息或检索条件，从 PDF 数据库中找出满足这些条件的 PDF 卡片并显示出来，然后，由检索者根据匹配的好坏确定样品中含有何种卡片对应的物相。

(4) 物相定性分析的步骤

① 给出检索条件。检索条件主要包括检索子库、样品中可能存在的元素等。

② 检索子库。为方便检索，PDF 卡片按物相的种类分为：无机物、矿物、合金、陶瓷、水泥、有机物等多个子数据库。检索时，可以按样品的种类，选择在一个或几个子库内检索，以缩小检索范围，提高检索的命中率。

③ 样品的元素组成。在做 X 射线衍射实验前，应当先检查样品中可能存在的元素种类。在 PDF 卡片检索时，选择可能存在的元素，以缩小元素检索范围。可以这样说，X 射线衍射物相检索就是根据已知样品的元素信息来确定这些元素的赋存状态（存在形式）。这也说明，那种通过 XRD 来检测样品元素组成的做法是不科学的或错误的。

④ 其他检索条件。包括 PDF 卡片号、样品颜色、文献出处等几十种辅助检索条件。检索时应当尽可能利用这些检索条件，以缩小检索范围，提高检索的命中率。

⑤ 计算机按照给定的检索条件对衍射线位置（面间距 d）和相对强度（I/I_0）进行匹配，计算匹配品质因数（FOM）。匹配品质因数的定义为：完全匹配时，FOM＝0；完全不匹配时，FOM＝100。将匹配品质因数最小的前 100 种（或设定的个数）物相列出一个表。

⑥ 操作者观察列表中各种物相（PDF 卡片）与实测 X 射线谱的匹配情况做出判断。检定出一定存在的物相。

⑦ 观察是否还有衍射峰没有被检出，如果有，重新设定检索条件，重复上面的步骤，直到全部物相被检出。

5.5.2 定量分析

物相定量分析的任务是根据混合相试样中各相物质的衍射线的强度来确定各相物质的相对含量。

(1) 基本原理

定量分析的依据：各相衍射线的相对强度，随该相含量的增加而提高。采用衍射仪测量时，单相多晶体的衍射强度由式（5-25）决定。该式原只适用于单相物质，但如稍加修改，则亦可用于多相试样。设样品是由 n 个相组成的混合物，其线吸收系数为 μ_1，则其中某相（j 相）的（hkl）衍射线强度公式可写成：

$$I_j=F_{\mathrm{hkl}}^2\times\frac{1+\cos^2(2\theta)}{\sin^2\theta\cos\theta}\times P\times\frac{1}{2\mu_l}\times \mathrm{e}^{-2M}\times\frac{V_j}{V_{0j}^2} \tag{5-33}$$

式中 V_j——相被辐射的体积；

V_{0j}——相的晶胞体积。

因为各相的线吸收系数 μ_l 均不相同，故当 j 相含量改变时，μ_l 亦随之改变。若 j 相的体积分数为 f_j，试样被照射的体积 V 为单位体积，则 j 相被照射的体积 $V_j=Vf_j=f_j$。当混合物中 j 相的含量改变时，强度公式中除 f 及 μ_l 外，其余各项均为常数，它们的乘积可用 C_j 表示，这样，j 相的衍射线的强度 I_j 即可表示为：

$$I_j=C_j\times\frac{1}{\mu_l}\times f_j \tag{5-34}$$

该式为定量分析的基本公式。它将第 j 相某条衍射线强度跟该相体积分数及混合物线吸收系数联系起来。

(2) 定量分析的基本方法

根据测试过程中是否向试样中添加标准物，定量分析方法可分为外标法和内标法两种。外标法又称单线条法或直接对比法，内标法又派生出了 K 值法和参比强度法等多种方法。

① 单线条法或直接对比法（外标法）。单线条法是把多相混合物中待测相（j 相）的某条衍射线强度与该相纯试样的同指数衍射线强度对比，即可定出 j 相在混合样品中的相对含量。

若混合物中所含的 n 个相，其线吸收系数 μ_l 及密度 ρ 均相等（同素异构物质就属于这一情况），根据式（5-34），某相的衍射线强度 I_j 与其质量分数 ω_j 成正比，即

$$I_j = C\omega_j \tag{5-35}$$

式中　C——比例系数。

如果试样为纯 j 相，则 $\omega_j=1$，此时 j 相用以测量的某条衍射线的强度将变为 $(I_j)_0$，因此有

$$\frac{I_j}{(I_j)_0}=\frac{C\omega_j}{C}=\omega_j \tag{5-36}$$

式（5-36）表明，混合物试样中的 j 相某线与纯 j 相同一根线的衍射强度之比，等于 j 相的质量分数。根据这一关系即可进行定量分析。这种方法比较简易，但是准确度较差。为了提高测量的可靠性，可事先配制一系列不同比例的混合试样，制作关于强度比与含量的定标曲线。在具体应用时可以根据强度比并按此曲线即可查出含量。这种措施尤其适用于吸收系数不相同的两相混合物的定量分析。

② 内标法。若待测样为 n 个相（$n\geqslant 2$）的混合物，各相的质量吸收系数又不相等，则定量分析常采用内标法。该方法是把试样中待测相的某根衍射线强度与掺入试样中含量已知的标准物质的某根衍射线强度相比较，而获得待测相含量。显然，内标法仅限于粉末试样。

要测定 j 相在混合物中的含量，需掺入标准物质 S 组成复合样品。根据式（5-34），

j 相某条衍射线的强度为：

$$I_j=\frac{C_j f'_j}{\mu_l} \tag{5-37}$$

式中　C_j——比例系数；

f'_j——j 相在复合样品（掺入 S 相后）中的体积分数。

若要求取 j 相的质量分数，还需要考虑 j 相的密度：

$$I_j=\frac{C_j\omega'_j}{\rho_j\mu_l} \tag{5-38}$$

式中　ρ_j——j 相的密度；

ω'_j——j 相在复合样品（掺入 S 相后）中的质量分数；

同理可求得标准相 S 的衍射强度为：

$$I_S=\frac{C_S\omega'_S}{\rho_S\mu_l} \tag{5-39}$$

式中　ρ_S——S 相的密度；

ω'_S——S 相在复合样品中的质量分数；

C_S——S 相对应的比例系数。

式（5-38）与式（5-39）相除得到：

$$\frac{I_j}{I_S}=\frac{C_j\rho_j\omega'_j}{C_S\rho_S\omega'_S} \tag{5-40}$$

j 相在原混合样（未掺入 S 相）中的质量分数为 ω_j，S 相占原混合样的质量分数为 ω_S，它们与 ω'_j 和 ω'_S 的关系分别为：

$$\omega_j=\frac{\omega'_j}{1-\omega'_S},\omega_S=\frac{\omega'_S}{1-\omega'_j} \tag{5-41}$$

将此关系代入式（5-40），得：

$$\frac{I_j}{I_S}=\frac{C_j\rho_j\omega_j}{C_S\rho_S\omega_S} \tag{5-42}$$

对于 S 相含量恒定，j 相含量不同的一系列复合样，C_j、ρ_j、C_S、ρ_S、ω_S 均为定值，式（5-42）又可写成：

$$\frac{I_j}{I_S}=K\omega_j \tag{5-43}$$

此式为内标法的基本方程，I_j/I_S 与 ω_j 呈线性关系，直线必过原点。$K=$

$C_j\rho_j/(C_S\rho_S\omega_S)$ 为直线的斜率。

I_j 和 I_S 可通过实验测定，如直线斜率 K 已知，则可求得 ω_j。

内标法的直线斜率 K 用实验方法求得。为此，要配制一系列样品，测定并绘制定标曲线。即配制一系列样品，其中包含质量分数不同的欲测相以及恒定质量分数的标准相，进行衍射分析，把试样中 j 相的某根衍射线强度 I_j 与掺入试样中含量已知的 S 相的某根衍射线强度 I_S 相比 I_j/I_S，作 I_j/I_S-ω_j 曲线。应用时，将同样质量分数的标准物掺入待测样中组成复合样，并测量该样品的 I_j/I_S，通过定标曲线即可求得 ω_j。

内标法是传统的定量分析方法，但存在较严重的缺点：

a. 绘制定标曲线时，需配制多个混合样品，工作量大。

b. 要求加入样品中的标准物数量恒定，所绘制的定标曲线又随实验条件而变化。

③ K 值法。为克服内标法的缺点，目前有许多简化方法，其中使用较普遍的是 K 值法，又称基体清洗法，是由钟焕成在 1974 年首先提出的。K 值法实际上也是内标法的一种，是从内标法发展而来的。它与传统的内标法相比，不用绘制定标曲线，因而免去了许多繁复的实验，使分析手续大为简化。对于内标法公式（5-43），若令

$$K_S^j = \frac{C_j\rho_j}{C_S\rho_S} \tag{5-44}$$

则式（5-43）可改写为：

$$\frac{I_j}{I_S} = K_S^j\frac{\omega_j}{\omega_S} \tag{5-45}$$

该式为 K 值法的基本方程。K_S^j 称为 j 相对 S 相的 K 值。K_S^j 值仅与两相及用以测试的晶面和波长有关，而与标准的加入量无关。若 j 相和 S 相衍射线条选定，则 K_S^j 为常数。它可以通过计算得到，但通常是用实验方法求得。K_S^j 值的实验测定：配制等量的 j 相和 S 相混合物，此时 $\omega_j/\omega_S=1$，所以 $K_S^j=I_j/I_S$，即测量得到的 I_j/I_S 值就是 K_S^j。应用时，往待测样中加入已知量的 S 相，测量 I_j/I_S，已知 K_S^j，通过式（5-45）就可以求得 ω_j。应用时注意，待测相与内标物质种类及衍射线条的选取等条件应与 K_S^j 值测定时相同。

K 值法还可以进一步简化，即参比强度法。该法采用刚玉（α-Al_2O_3）为通用参比物质 S。已有众多常用物相的 K 值（参比强度）载于粉末衍射卡片或索引上。

故不必通过计算或测试获得 K 值。某物质的 K 值即参比强度等于该物质与 $\alpha\text{-}Al_2O_3$ 等重量混合物样的 X 射线衍射图谱中两相最强线的强度比。

当待测试样中仅有两相时，定量分析时不必加入标准相，此时存在以下关系：

$$\begin{cases} \dfrac{I_1}{I_2}=K_2^1\times\dfrac{\omega_1}{\omega_2}=\dfrac{K_S^1}{K_S^2}\times\dfrac{\omega_1}{\omega_2} \\ \omega_1+\omega_2=1 \end{cases} \tag{5-46}$$

解该方程组即可获得两相的相对含量。

④ 绝热法。内标法和 K 值法均需要向待测试样中添加标准相，因此，待测试样必须是粉末，无法应用于块体试样的定量分析。而绝热法不需添加标准相，它是用待测试样中的某一相作为标准物质进行定量分析的，因此，定量分析过程不与系统以外发生关系。其原理类似于 K 值法。

设试样由 n 个已知相组成，以其中的某一相 j 为标准相，分别测得各相衍射线的相对强度，类似于 K 值法，获得（$n-1$）个方程，此外，各相的质量分数之和为 1，这样就得到 n 个方程组成的方程组：

$$\begin{cases} \dfrac{I_1}{I_j}=k_j^1\ \dfrac{\omega_1}{\omega_j} \\ \dfrac{I_2}{I_j}=k_j^2\ \dfrac{\omega_2}{\omega_j} \\ \vdots \\ \dfrac{I_{n-1}}{I_j}=k_j^{n-1}\ \dfrac{\omega_{n-1}}{\omega_j} \\ \sum\limits_{j=1}^{n} w_j=1 \end{cases} \tag{5-47}$$

解该方程组即可求出各相的含量。绝热法也是内标法的一种简化，标准相不是来自外部，而是试样本身，该法不仅适用于粉末试样，同样也适用于块体试样，其不足是必须知道试样中的所有组成相。

思考题

① X 射线的本质是什么？与可见光相比有何不同？与可见光相比有什么特点？

② 产生 X 射线需具备什么条件？X 射线作用与用途是什么？

③ 连续谱是怎样产生的？

④ X 射线与物质有哪些相互作用？规律如何？对 X 射线分析有何影响？

⑤ 特征 X 射线有什么特点，产生的机理是什么？

⑥ 什么叫"相干散射""非相干散射"？

⑦ 产生 X 射线需要什么条件？

⑧ 当波长为 λ 的 X 射线照射到晶体并出现衍射线时，相邻两个（hkl）反射线的波程差又是多少？

⑨ Cu K_α 射线（$\lambda_{K_\alpha}=0.154$nm）照射 Cu 样品。已知 Cu 的点阵常数 $a=0.361$nm，试分别用布拉格方程求其（200）反射的 θ 角。

⑩ 试总结简单立方点阵、体心立方点阵和面心立方点阵衍射线系统消光规律。

⑪ 试述 X 射线粉末衍射仪由哪几部分组成，它们各自有哪些作用。

⑫ 物相定性分析的原理是什么？对食盐进行化学分析与物相定性分析，所得信息有何不同？

⑬ 试述多相物相定性分析的原理与方法。

⑭ 物相定量分析的原理是什么？试述用 K 值法进行物相定量分析的过程。

⑮ 试比较外标法、内标法、K 值法和绝热法四种定量分析方法的优缺点。

参考文献

[1] 张海军，贾全利，董林. 粉末多晶 X 射线衍射技术原理及应用 [M]. 郑州：郑州大学出版社，2010.

[2] 姜传海，杨传铮. X 射线衍射技术及其应用 [M]. 上海：华东理工大学出版社，2010.

[3] 周玉，武高辉. 材料分析测试技术：材料 X 射线衍射与电子显微分析 [M]. 哈尔滨：哈尔滨工业大学出版社，2007.

[4] 黄继武，李周. 多晶材料 X 射线衍射实验原理、方法与应用 [M]. 北京：冶金工业出版社，2012.

[5] 江超华. 多晶 X 射线衍射技术与应用 [M]. 北京：化学工业出版社，2014.

[6] 左演声，陈文哲，梁伟. 材料现代分析方法 [M]. 北京：北京工业大学出版社，2000.

[7] 周玉. 材料分析方法 [M]. 北京：机械工业出版社，2020.

[8] 王铁农. 材料分析方法 [M]. 大连：大连理工大学出版社，2012.

[9] 张善勇，等. 材料分析技术 [M]. 刘东平，等译. 北京：科学出版社，2010.

［10］ 常铁军，祁欣．材料近代分析测试方法［M］．哈尔滨：哈尔滨工业大学出版社，1999.
［11］ 朱和国，杜宇雷，赵军．材料现代分析技术［M］．北京：国防工业出版社，2012.
［12］ 杜希文，原续波．材料分析方法［M］．天津：天津大学出版社，2006.
［13］ 齐义辉，于景媛．材料分析与表征［M］．沈阳：东北大学出版社，2016.
［14］ 马毅龙．材料分析测试技术与应用［M］．北京：化学工业出版社，2017.
［15］ 李炎．材料现代微观分析技术：基本原理及应用［M］．北京：化学工业出版社，2011.
［16］ 黄新民，等．材料研究方法［M］．哈尔滨：哈尔滨工业大学出版社，2017.
［17］ 朱和国，刘吉梓，尤泽升．材料科学研究与测试方法学习辅导［M］．南京：东南大学出版社，2018.

第6章 扫描电子显微镜分析

6.1 扫描电子显微镜简介

扫描电子显微镜（scanning electron microscope，SEM）是一种介于透射电子显微镜和光学显微镜之间的观察手段。其利用聚焦得很窄的高能电子束来扫描样品，通过光束与物质间的相互作用来激发各种物理信息，对这些信息收集、放大、再成像以达到对物质微观形貌表征的目的。新式的扫描电子显微镜的分辨率可以达到 1nm；放大倍数可以达到 30 万倍及以上连续可调；并且景深大，视野大，成像立体效果好。此外，扫描电子显微镜和其他分析仪器相结合，可以做到观察微观形貌的同时进行物质微区成分分析。扫描电子显微镜对于固体材料的研究应用非常广泛，如研究固体物质的表面形貌（表面几何形态、形状、尺寸），分析微区化学成分，采集元素面分布图，进行化学成分定性定量分析，研究集成电路 PN 结定位和损伤，检查薄膜电阻导电形式，以及分析晶体取向分布等。此外，扫描电子显微镜还可以作为显微操作平台，可接配纳米机械手、微机械探针、离子枪等装置，进行离子切割加工，纳米操作，微区尺度物理化学性质测量。为适应材料的动态观察和材料所处环境，可配置特殊样品台，如机械拉伸台、高温样品台、低温样品台，样品分析室充入可与样品发生物理化学反应的特殊气体。总而言之，对于固体材料的全面特征的描述，扫描电子显微镜是至关重要的。

6.2 扫描电子显微镜发展历程

SEM的设计思想早在1935年便已提出，1942年在实验室制成第一台SEM。1965年，在各项基础技术有了很大进展的前提下才在英国诞生了第一台实用化的商品仪器。此后，荷兰、美国、西德也相继研制出各种型号的SEM。第二次世界大战后，日本在美国的支持下生产出SEM，我国则在20世纪70年代生产出自己的SEM。

6.2.1 场发射扫描电子显微镜

1968年，采用场致发射电子枪代替普通钨灯丝电子枪，枪需要很高的真空度，在高真空度下由于电子束的散射更小，其分辨率进一步得到提高。但是近几年来，各厂家采用多级真空系统（机械泵＋分子泵＋离子泵），真空度可达10Pa。同时，采用磁悬浮技术，噪声振动大为降低，灯丝寿命也有增加。

场发射SEM的特点是二次电子像分辨率高，如果采用低加速电压技术，在TV状态下背散射电子（back-scattered electron，BSE）成像良好，对于未喷涂非导电样品也可得到高倍像。2002年，日本日立公司推出了S-4800型高分辨场发射扫描电子显微镜（FESEM）。该电镜的电子发射源为冷场，物镜为半浸没式。采取改进的电子光学设计（EB）来收集和分离各种不同纯二次电子（SE）信号、复合二次电子（SE＋BSE）信号及背反射电子（BSE）信号。与其他很多内置透镜的FESEM相比，S-4800不仅拥有超高的分辨率，且拥有更大的样品室。因此，是研究纳米材料的有力工具。

6.2.2 分析型扫描电子显微镜

所谓分析型扫描电子显微镜是指将扫描电子显微镜配备多种附加仪器，以便对被测试样进行多种信息的分析。

（1）EDS（能谱仪）附件

能谱仪（X射线能量色散谱仪，energy dispersive spectromete，EDS）通常是指X射线能谱仪。目前，最先进的采用超导材料生产的能谱仪，分辨率达到了5～

15eV，已超过了25eV分辨率的波谱仪，这是目前能谱仪发展的最高水平。能谱仪主要用来分析材料表面微区的成分，分析方式有定点定性分析、定点定量分析、元素的线分布分析、元素的面分布分析。

(2) EBSD（电子背散射衍射）附件

EBSD（electron backscattered diffraction）主要可做单晶体的物相分析，同时提供花样质量、置信度指数、彩色晶粒图，可做单晶体的空间位向测定，提供两颗单晶体之间夹角等信息，要求所测单晶体完整并且没有应力，在聚合物中应用极少。

(3) WDS（波谱仪）附件

WDS（wavelength dispersive spectrometer）是随着电子探针的发明而诞生的，它是电子探针的核心部件，用作成分分析。与能谱仪相比较，波谱仪的检测灵敏度更高，在电子探针的理想工作条件下能达到100×10^{-6}的检测能力。但也有电子束流大、样品要求非常平整并且只能水平放置、对X射线取出角要求很大等局限性。

6.2.3 现代扫描电子显微镜

在二次电子像分辨率上取得了较大的进展后，扫描电子显微镜又因为需要在保持试样原始样貌的基础上进行分析，发展出了低电压、低真空和环境扫描电子显微镜。

(1) 低电压扫描电子显微镜

在扫描电子显微镜中，低电压是指电子束流加速电压在1kV左右。此时，对未经导电处理的非导体试样其充电效应可以减小，电子对试样的辐照损伤小，且二次电子的信息产额高，成像信息对表面状态更加敏感，边缘效应更加显著，能够适应半导体和非导体分析工作的需要。这对聚合物材料来说是十分有利的技术改革。

(2) 低真空扫描电子显微镜

真空是为了解决不导电试样分析的另一种工作模式。其关键技术是采用了一级压差光阑，实现了两级真空。当聚焦的电子束进入低真空样品室后，与残余的空气分子碰撞并将其电离，这些离化后带有正电的气体分子在一个附加电场的作用下向充电的样品表面运动，与样品表面充电的电子中和，这样就消除了非导体表面的充电现象，从而实现了对非导体样品自然状态的直接观察。

(3) **环境扫描电子显微镜**

环境扫描电子显微镜低真空压力可达到2600Pa，可配置水瓶向样品室输送水蒸气或输送混合气体，若跟高温或低温样品台联合使用则可模拟样品的周围环境，结合扫描电子显微镜观察，可得到环境条件下试样的变化情况。其核心技术来自采用两级压差光阑和气体二次电子探测器，能达到3.5nm的二次电子图像分辨率。

6.3 扫描电子显微镜基本构造

电子显微镜是根据电子光学原理，用电子束和电磁透镜代替光束和光学透镜，将物质的细微结构在非常高的放大倍数下成像，它主要由电子光学系统、信号处理系统、图像显示系统、真空系统四大部分构成。

6.3.1 电子光学系统

电子光学系统包括电子枪、电磁透镜、扫描线圈和样品室。

(1) **电子枪**

扫描电子显微镜中的电子枪与透射电子显微镜的电子枪相似，只是加速电压比透射电子显微镜低。

(2) **电磁透镜**

扫描电子显微镜中各电磁透镜都不作成像透镜用，而是作聚光镜用，它们的功能只是把电子枪的束斑（虚光源）逐级聚焦缩小，使原来直径约为50μm的束斑缩小成一个只有数纳米的细小斑点。

(3) **扫描线圈**

扫描线圈的作用是使电子束偏转，并在样品表面做有规则的扫动，电子束在样品上的扫描动作和显像管上的扫描动作保持严格同步。

(4) **样品室**

样品台本身是一个复杂而精密的组件，它能夹持一定尺寸的样品，并能使样品做平移、倾斜和转动等运动，以利于对样品上每一特定位置进行各种分析。新式扫描电子显微镜的样品室实际上是一个微型试验室，它带有多种附件，可使样品在样品台上加热、冷却和进行力学性能试验（如拉伸和疲劳）。样品室内除放置样品外，还安置信号探测器。

6.3.2 信号的收集和图像显示系统

二次电子、背散射电子和透射电子的信号都可采用闪烁计数器来进行检测。信号电子进入闪烁体后即引起电离，当离子和自由电子复合后就产生可见光。可见光信号通过光导管送入光电倍增器，光信号放大，即又转化成电流信号输出，电流信号经视频放大器放大后就成为调制信号。

由于镜筒中的电子束和显像管中的电子束是同步扫描的，而荧光屏上每一点的亮度是根据样品上被激发出来的信号强度来调制的，因此样品上各点的状态各不相同，所以接收到的信号也不相同，于是就可以在显像管上看到一幅反映试样各点状态的扫描电子显微图像。

6.3.3 真空系统

为保证扫描电子显微镜电子光学系统的正常工作，对镜筒内的真空度有一定的要求。如果真空度不足，除样品被严重污染外，还会出现灯丝寿命下降、极间放电等问题。

6.4 扫描电子显微镜类型

扫描电子显微镜类型多样，不同类型的扫描电子显微镜存在性能上的差异。根据电子枪种类，主要分为两大类：热游离式电子枪和场发射电子枪。

6.4.1 热游离式电子枪

热游离式电子枪类型主要涉及钨灯丝和六硼化镧灯丝电子枪。一般低配置电子显微镜中，钨灯丝电子枪比较常见。钨灯丝扫描电子显微镜中电子枪的阴极是 100μm 直径的钨丝制成 V 形的发叉式钨丝阴极，使用 V 形的尖端作为点发射源。

钨灯丝属于热游离电子枪，在灯丝电极加直流电压，钨丝发热，使用温度一般在2600～2800K之间，由于钨丝的蒸发速度随温度升高而急剧上升，因此钨灯丝的寿命比较短，一般在50～200h之间。它的制造工艺比较简单，价格比较便宜，在使用过程中更换得比较频繁。

6.4.2 场发射电子枪

场发射电子枪类型主要涉及冷场发射式和热场发射式两种。场发射电子枪阴极使用100μm直径的钨丝，经过腐蚀制成针状的尖阴极，一般曲率半径在100nm～1μm之间，在尖阴极表面增加强电场，产生Schottky效应，从而降低阴极材料的表面势垒，使能障宽度变窄，高度变低，因此电子可直接“穿隧”通过此狭窄能障并离开阴极，发射到真空中。因此可得到极细而又具高电流密度的电子束，其亮度可达钨灯丝电子枪的数百倍，甚至千倍。冷场电子枪发射温度为常温300K，热场电子枪发射温度为1500～1800K。由于阴极材料使用温度较钨灯丝电子枪低，一般材料不会损失，因此寿命很长，冷场电子枪可使用上万小时。

6.5 扫描电子显微镜工作原理

电子显微镜用于成像的信号来自入射光束与样品中不同深度的原子的相互作用。样品在电子束的轰击下会产生包括背散射电子、二次电子、特征X射线、吸收电子、透射电子、俄歇电子、阴极荧光、电子束感生效应等在内的多种信号，而一个单一机器能够配有所有信号的探测器是很难的，背散射电子、二次电子、特征X射线探测器是一般扫描电子显微镜的标配探测器。本部分主要讨论电子显微镜常利用的三种信号的原理。

6.5.1 二次电子形貌衬度原理

二次电子是电子束轰击样品使样品中原子的外层电子与原子脱离，产生的一种自由电子。二次电子的能量较低，一般在50eV以下。由于二次电子产生于距离样品表面很近的位置（一般距表层5～10nm），因此二次电子成像可以对样品表面进行高分辨率的表征，分辨率可以达到1nm。

6.5.2 背散射电子原子序数衬度原理

背散射电子是电子束轰击样品过程中被样品反射回来的部分电子，其中包括被原子核反射回来的弹性背散射电子，和被原子核外电子反射回来的非弹性背散射电子。弹性背散射电子的散射角大于 90°，没有能量损失，因此弹性背散射电子的能量很高，一般可以达到数千伏到数万伏。非弹性背散射电子由于和核外电子碰撞，不仅方向改变，也会有不同程度的能量损失，因此非弹性背散射电子的能量分布范围较广，一般为数十电子伏到数千电子伏。

由于非弹性背散射电子需要经过多次散射才能逸出样品表面，因此，弹性背散射电子的数量是远高于非弹性背散射电子的，因此电子显微镜中所指的背散射电子多指弹性背散射电子。背散射电子产生于距离样品表面几百纳米的深度，因此背散射电子图像的分辨率低于二次电子图像分辨率。然而，背散射电子的产量与样品原子序数有很大的关系，因此可以用来提供样品原子序数衬度信息。

在背散射模式下，样品表面平均原子序数大的区域，背散射信号强，则电镜图中表现为亮度高。相反，原子序数小的区域比较暗。所以在扫描电子显微镜的分析中通常将背散射电子与特征 X 射线产生的能谱相结合来做成分分析。此外，由于背散射信号的强度与样品晶面与入射电子束的夹角有关，当入射电子束与晶面夹角越大，背散射信号越强，图像越亮，反之越暗，因此背散射电子可以用作晶体的取向分析。

6.5.3 特征 X 射线原理

当高能电子束轰击样品，将样品中原子的内层电子电离，此时的原子处于较高激发态，外层的高能量电子会向内层跃迁以填补内层空缺，从而释放能量，这部分辐射能量称为特征 X 射线。这些特征 X 射线可以用来鉴别组成成分以及测定样品中丰富的元素。

6.6 扫描电子显微镜样品制备技术

SEM 功能强大、结构比较复杂，要拍出高质量的样品图，除了要求仪器本身的高性能，操作人员熟练、准确的操作外，样品观测前的预处理也格外重要。材料种类繁多、特性各异，如何根据观测的要求及材料的性能，选择合适的样品制备方法，是每次进行样品观测前，必须考虑的问题。

6.6.1 扫描电子显微镜观测样品基本要求

SEM 可以满足多数样品的观测，但并不是所有的材料都适合。要满足 SEM 的观测，样品通常需要满足以下基本要求：

① 具有良好的导电性。样品在电子束的反复扫描下，易积累电荷，电位升高，产生放电现象。对于导电性差的陶瓷或生物材料，需进行喷镀（喷碳、镀金）处理。

② 材料要尽可能干燥，电镜内部处于真空状态。材料中水分的挥发，轻则造成图片模糊、漂移，重则损坏光阑和灯丝等部件。对于头发、蛋壳等含水量低的材料，经喷镀处理后可直接进行观测；对于大部分生物样品，必须进行脱水和干燥。

③ 材料不易分解、热稳定性高。在电子束的连续轰击下，材料表面温度升高，样品容易损伤。对于热稳定性差的材料，有可能发生分解，产生气体或其他物质，应尽量减少该类物质的测试；如必须进行测试时，应避免电子束对观测处的长时间、连续扫描。

不符合以上几点要求的材料，需进行适当的预处理，以满足观测和分析的需要。样品制备虽然简单，但非常重要。

6.6.2 样品的预处理工艺

(1) 取样

SEM 的样品室，并不是放入任意尺寸的样品都可进行观测。受到样品台尺寸和承重的限制，往往需要对样品进行分切。对于不同的材料分切方法的选用也不同，对于较薄的金属或高分子材料，如仅需对样品表面进行观测，在不损伤表面的情况下，可直接用剪刀剪下，厚度较大时可采用样品切割机；对于陶瓷和矿物类材料，可采用砂轮切割机；如需观测样品的内部结构，通常还需将样品断开，对于高分子材料，可选择冲断和脆断（低温下）来获得断口；当对断口的测试要求较高时，一般采用离子束蚀刻，即利用高能离子束，从不同角度切割样品，获得满足要求的抛光断面。

(2) 清洁或清洗

对样品的表面形貌进行观测，是 SEM 仪器的主要功能。当样品表面附着有油污、灰尘、油脂以及自生成物等污染物时，将掩盖样品的真实表面，进而影响结果的准确性。此外，当样品表面附有污染物时，这些污染物会进入 SEM 的真空系统，污染电镜内部，所以必须对被污染的样品进行清洁或清洗。对于易溶于水的污染物，可直接用去离子水进行冲洗或漂洗；对于油类污染物可在丙酮、乙醇和其混合液中，进行超声波清洗（注意控制超声波清洗的时间和频率，以免损伤样品）；对于蜡类污染物，可用氯仿处理后，再进行冲洗。

(3) 干燥处理

对于含水量少的样品，经导电处理后，可直接进行观测。对含水量较多的生物样品等，必须先进行干燥处理，才可进行观测。进入真空室后，水分的挥发、电离可能导致无法成像，甚至损耗部件。生物样品的干燥程序较为复杂，干燥过程中需注意不能引入其他杂质，也要保证生物样品的原有形貌，不因干燥脱水而变形，以真空干燥法和冷冻法最为常用。

(4) 样品的安装

对于导电块状样品，将导电双面胶带（含碳或银）粘在样品台，撕开背纸后，将样品直接与胶带压牢即可；对于非导电块状样品，按常规方法将样品固定于导电胶带后，在样品表面引出导电胶带与样品台相连，即“搭桥”，以在样品与样品台之间形成电子通路，避免电荷积累。碳粉胶带、银粉胶带以及铜导电胶带是最为常用的双面导电胶带。

对于粉末或颗粒状样品，必须确保粉体与样品台粘接牢固，以免观测时颗粒脱落，污染电镜内部。此外，为了便于观测单颗粉体的形貌，必须使粉体尽可能分散（颗粒越小，比表面积越大，越容易团聚）。

6.6.3 样品的喷镀处理工艺

喷镀处理即导电处理，又称镀膜处理，是观测非导电样品通用的处理方法。经导电处理后，样品表面形成的导电膜可以导走样品表面积累的电荷，并传递部分热量，防止样品放电和热损伤。常用的喷镀材料有碳（C）、铝（Al）、铬（Cr）、金（Au）、铂（Pt）或其合金。C 膜是最经济的材料，但不适合用于高倍观测；Cr 用于场发射电镜等对样品观测要求较高的场合；Au 适合于中低分辨率的观测；Pt 适合于高分辨率图像。真空蒸发和离子溅射是目前最为常用的镀膜方法。

(1) 真空蒸发法

真空蒸发镀膜在真空蒸发仪中进行，真空度要求维持在 10^{-3}Pa 以上，镀膜材料与电极相连。当真空度达到要求时，通入大电流，使镀膜材料受热蒸发，在样品表面形成镀层。真空度越高，镀层越致密。

(2) 离子溅射法

离子溅射法可分为：直流溅射、磁控溅射和离子束溅射等。

① 直流溅射。镀膜靶材位于真空室上方作为阴极，样品位于下方作为阳极。当真空度满足要求时（$10^{-2}\sim10^{-1}$ Pa），电极间施加高电压，真空室的气体辉光放电，产生的正离子撞向靶材，产生镀膜原子，沉积于样品表面。该法简单，操作容易，但镀层颗粒较大，一般用于中低分辨率图像的观测。

② 磁控溅射。原理和操作与直流溅射法相似。唯一的区别就是阴极附近增设了一块永磁体，用于改变高能电子的转向，以降低样品的撞击和热损伤。永磁体还可以延长电子的运动路径，从而增加离子的电离率，提高沉积效率。

③ 离子束溅射。与上述两者不同，离子束溅射要求在高真空下进行。通过离子枪发射出高能离子束，撞击镀膜靶材，轰击出原子沉积于样品表面。离子束溅射适合于高分辨率成像，一般用于场发射电镜的样品观测。导电处理在真空下进行，如果样品中含有较多的水分，等离子区域呈红色，水分中带有的杂质离子会使沉积速率降低。溅射前，一般通入高纯氮气或高纯氩气，以排尽残余的空气和水汽等。高纯氩气的溅射效果好，所以通入气体一般以氩气为主。观察聚丙烯隔离膜、陶瓷等多孔性材料时，由于空洞中含有大量的空气，所以抽真空时间较长，有时还需要多次抽气，以保证最佳的镀膜效果。考虑在反应完成后除去部分乙醇。实验发现，冷却速度的控制对产品析出和纯化影响较大。冷却速度要慢，在常温条件下自然冷却，产品会慢慢析出，得到的产品较纯。如果将反应液直接倒入冰水中快速冷却，溶液呈浑浊状，不易澄清、分离，且产物呈黄色，使产物纯度降低。微波加热方式同常规加热相比，大大缩短了反应的时间，提高了反应效率。

6.7 扫描电子显微镜成像特点

电子显微镜虽然是显微镜家族中的后起之秀，但由于其本身具有许多独特的优点，发展速度是很快的。

① 仪器分辨率较高，通过二次电子图像能够观察试样表面 6nm 左右的细节，采用 LaB6 电子枪，可以进一步提高到 3nm。

② 仪器放大倍数变化范围大，且能连续可调。因此可以根据需要选择大小不同的视场进行观察，同时在高放大倍数下也可获得一般透射电镜较难达到的高亮度的清晰图像。

③ 观察样品的景深大，视场大，图像富有立体感，可直接观察起伏较大的粗糙表面和试样凹凸不平的金属断口像等，使人具有亲临微观世界现场之感。

④ 样品制备简单，只要将块状或粉末状的样品稍加处理或不处理，就可直接放到电子显微镜中进行观察，因而更接近于物质的自然状态。

⑤ 可以通过电子学方法有效地控制和改善图像质量，如亮度及反差自动保持，试样倾斜角度校正，图像旋转，或通过 Y 调制改善图像反差的宽容度，以及图像各部分亮暗适中。采用双放大倍数装置或图像选择器，可在荧光屏上同时观察放大倍数不同的图像。

⑥ 可进行综合分析。装上波长色散 X 射线光谱仪（WDX）或能量色散 X 射线光谱仪（EDX），使其具有电子探针的功能，也能检测样品发出的反射电子、X 射线、阴极荧光、透射电子、俄歇电子等。把电子显微镜扩大应用到各种显微的和微区的分析方式，显示出了电子显微镜的多功能。另外，还可以在观察形貌图像的同时，对样品任选微区进行分析；装上半导体试样座附件，通过电动势放大器可以直接观察晶体管或集成电路中的 PN 结和微观缺陷。由于不少电子显微镜电子探针实现了电子计算机自动和半自动控制，因而大大提高了定量分析的速度。

6.8 扫描电子显微镜成像影响因素

电子显微镜作为科研分析中重要的工具，其成像质量直接影响获得的数据质量。本部分主要从加速电压、扫描速度和信噪比、探针电流、消像散校正、工作距离以及反差对比等角度分析成像影响因素。

6.8.1 加速电压

扫描电镜的电子束是由灯丝通电发热使温度升高，当钨丝达到白热化，电子的动能增加到大于阳离子对它的吸引力（逸出功）时，电子就逃逸出去。在紧靠灯丝处装上有孔的栅极（也叫韦氏盖），灯丝尖处于栅孔中心。离开栅极一定距离有一个中心有孔的阳极，在阳极和阴极间加有一个很高的正电压，称为加速电压，它使电子束加速而获得能量。加速电压的范围在1～30kV，其值越大电子束能量越大，反之亦然。

加速电压的选用视样品的性质（含导电性）和倍率等来选定。当样品导电性好且不易受电子束损伤时可选用高加速电压，这时电子束能量大，对样品穿透深（尤其是低原子序数的材料），使材料衬度减小图像分辨率高。但加速电压过高会产生不利因素，电子束对样品的穿透能力增大，在样品中的扩散区也加大，会发射二次电子和散射电子甚至二次电子也被散射，过多的散射电子存在于信号里会出现叠加的虚影，从而降低分辨率。当样品导电性差时，又不便喷碳喷金，还需保存样品原貌的这类样品容易产生充放电效应，样品充电区的微小电位差会造成电子束散开，使束斑扩大从而损害分辨率。同时表面负电场对入射电子产生排斥作用，改变电子的入射角，从而使图像不稳定产生移动错位，甚至使表面细节根本无法呈现，加速电压越高，这种现象越严重，此时选用低加速电压以减少充、放电现象，提高图像的分辨率。

6.8.2 扫描速度和信噪比

扫描速度的选择会影响所拍摄图像的质量。如果拍图的速度太快信号强度很弱。另外无规则信号的噪声干扰使分辨率下降。如果延长扫描时间会使噪声相互抵消，因此提高信噪比可增加画面的清晰程度。但扫描时间过长，电子束滞留在样品上的时间就会延长，电子束会使材料变形，降低分辨率甚至出现假图像，特别对生物和高分子样品，观察时扫描速度不能太慢。

6.8.3 探针电流

探针电流直接影响到束斑直径、图像信号强度、分辨率以及图像清晰及失真程度等参数，而这些参数间又存在矛盾。电流越大电子束的束斑直径越小，使分辨率增大，景深也增大。但是信号弱时，亮度有时会显得不足、信噪比降低。对于一些高分子材料、生物样品或一些不导电的样品采用较大的探针电流，产生的电荷不能及时扩散迁移而形成积累，因而产生放电现象，难以得到高质量的形貌图片；但是如果探针电流过小，会由于二次电子的信号较弱，本底杂散信号影响比较大，分辨率会下降，在高倍率下影响严重。因此探针电流选择的原则是在反差和亮度正常的情况下，加大探针电流，以便得到最高的分辨率和较大的景深范围。但是在低倍率下观察图像时要求以丰富的层次结构为主，需要采用小一点的探针电流。

6.8.4 其他干扰

(1) 反差对比度

大的反差会使图像富有立体感，但是过大的反差会损失一些细微结构；小的反差会使图像层次丰富和柔和，但是过小的反差也会丧失细节；导电的样品在遇到电子后会产生放电现象，使反差降低，因此要根据不同的样品进行自动和手动调节反差对比度。

(2) 真空度和清洁

真空度不够时会使样品被盖上一层污染物，不能得到高分辨图像，镜筒和物镜光阑被污染，需及时进行清洁处理，否则在图像中会观察到像散，关掉电子束的前后瞬间图像发生位移，严重影响图像质量，也会有损仪器的使用。

(3) 镀金条件的选择

根据不同的样品采取不同的喷镀条件，如根据喷镀时间、喷镀电流以及喷镀高度来选取合适的镀层厚度。一般对于样品的形貌变化不大的可以采用薄的镀层，形貌变化大的可以采用厚的镀层。

(4) 机械振动

电源稳定度和外界杂散磁场会使图像出现锯齿形畸变边缘，特别是在高倍率时更容易观察到。振动造成在不同时刻记录的像元排列位置随着振动频率发生挪动，从而使图像变得模糊或变形。观察高倍率图像时，相应的振动效应对图像质量的影响更为严重。

(5) 嘈杂噪声

如机械泵工作声音、除湿机工作声音、拍摄高倍率图像时说话的声音以及手机打电话信号干扰（手机信号为高频电磁波，不会对电子束造成影响，但一定不要太大声音说话）等对图像产生很大的影响，致使图像的分辨率降低。

6.9 扫描电子显微镜样品实例分析

6.9.1 Ni-P-PTFE 复合涂层表面微观形貌分析

化学沉积 Ni-P 合金涂层因其具有优良的耐腐蚀性和耐磨性而被广泛应用于化工装置、汽车工业、电子设备等领域，已成为现代工业重要的表面增强处理工艺。但其仍不能满足材料对更高的耐蚀、耐磨性及硬度的要求。因此，为进一步提高化学镀 Ni-P 合金的综合性能，通常在镀镍层中加入 PTFE、石墨等具有减摩功能的微粒，可以大大降低镀层的摩擦系数，增加润滑性能。PTFE 的加入使其能够在无油润滑环境下，具备一定的承载能力和优异的耐磨减摩能力。所以研究制备 Ni-P-PTFE 复合涂层具有非常重要的应用价值。

化学镀液中的 PTFE 浓度对 Ni-P-PTFE 复合涂层的沉积速度和组织性能具有重要的影响。在控制其他工艺参数不变的情况下，李勇峰课题组只改变镀液中 PTFE 的浓度，分别配置 PTFE 浓度为 6mL/L、8mL/L、10mL/L、12mL/L 的镀液，然后在不同 PTFE 浓度的镀液中对试件进行施镀 1.5h。

图 6-1 为化学镀液中不同 PTFE 含量对应的 Ni-P-PTFE 复合涂层表面微观镀层形貌。如图所示，沉积层表面整体较为光滑，没有明显缺陷。当 PTFE 浓度为 8mL/L 时，沉积层中的 PTFE 分布较为均匀，且沉积晶粒较小。通过能谱分析各个元素在镀层中的含量也可以得出 PTFE 浓度为 8mL/L 时，沉积层中 PTFE 含量较多，为 3.43%，且含磷量较高。这是因为在 PTFE 浓度较低时，随着浓度的增大，PTFE 颗粒与试件表面发生碰撞的概率也增大，所以沉积层中包裹的 PTFE 颗粒也增加。当 PTFE 浓度过高时，除 PTFE 颗粒与试件表面发生碰撞外，PTFE 颗粒之间的碰撞概率也迅速增大，从而容易产生团聚，阻碍 PTFE 沉积量的增加，且沉积层质量下降。

6.9.2 硬质合金镍涂层表面微观形貌分析

三孔硬质合金刀片由固体颗粒碳化钨和结合剂钴构成，采用酸液浸蚀可以有效去除硬质合金表面的钴，硬质合金浸入酸液中会发生化学反应，其表层的钴与酸液

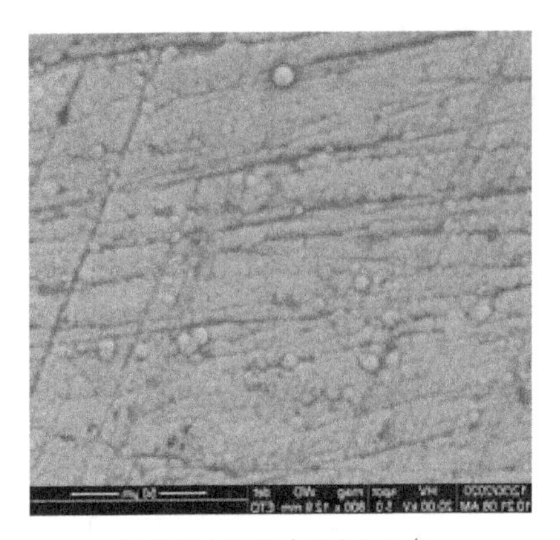

(a) 镀液中PTFE含量为6mL/L

(b) 镀液中PTFE含量为8mL/L

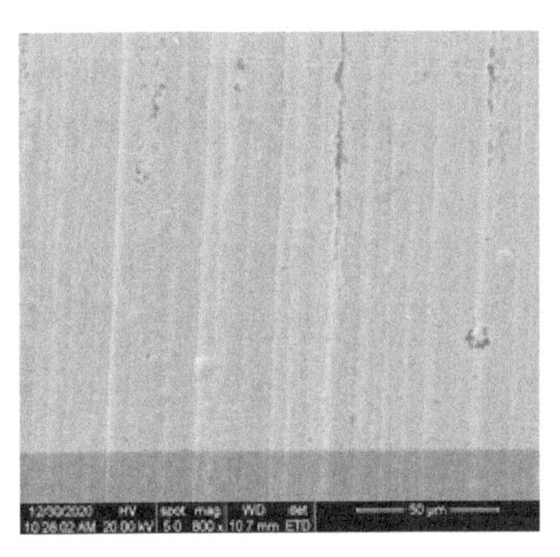

(c) 镀液中PTFE含量为10mL/L

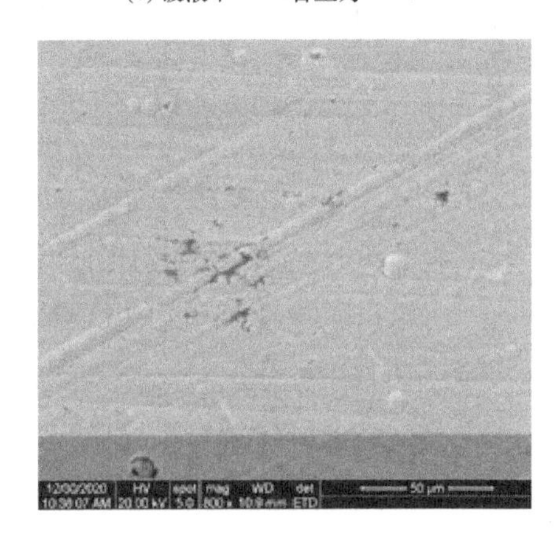

(d) 镀液中PTFE含量为12mL/L

图 6-1　不同 PTFE 含量对应的 Ni-P-PTFE 复合涂层表面微观镀层形貌

形成稳定的化合物并溶于酸液中。钴元素在酸液中反应迅速，一般在 30s 内就可以完成，之后随着反应时间的增加，钴元素基本不会减少。由于钴的去除，碳化钨表面将留下更多空隙，这将使碳化物颗粒更多暴露出来，有利于碱液对碳化物进行刻蚀，提高表面粗糙度。

Murakami 试剂为碱性溶液，可以与碳化钨发生反应，达到去除表面部分碳化钨的目的。硬质合金在碱液中的反应起初很剧烈，会产生大量气泡，在 30min 以后由于钴的阻挡基本不再发生反应。在碱液浸泡过程中，碳化物刻蚀过多时部分颗粒会自动脱离基体，沉淀于溶液底部。酸碱处理直接关系到镀层的结合力，所以探寻最佳的酸碱刻蚀时间成为增加镍镀层与硬质合金之间的界面结合强度的关键。实验表明，酸碱处理均会使基体表面粗糙度变大，粗糙的表面会使镀层产生机械咬合效应，能改善硬质合金涂层的结合形式，显著提高涂层的界面结合强度。

(a) 不做酸碱处理

(b) 酸处理0s，碱处理15min

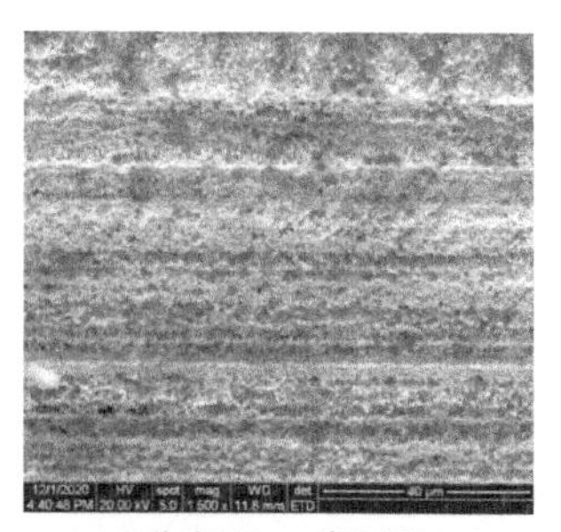

(c) 酸处理0s，碱处理25min

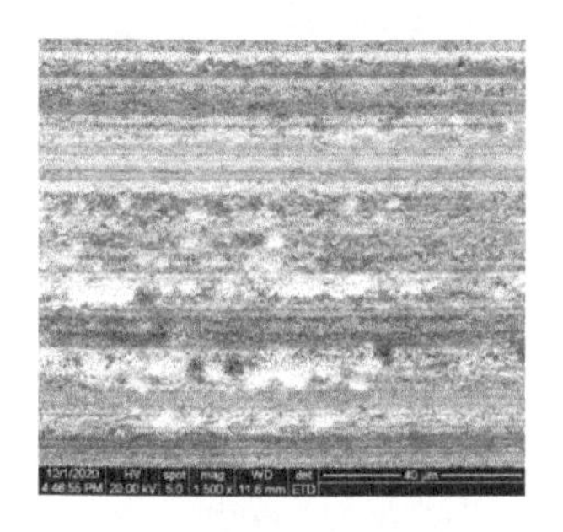

(d) 酸处理10s，碱处理15min

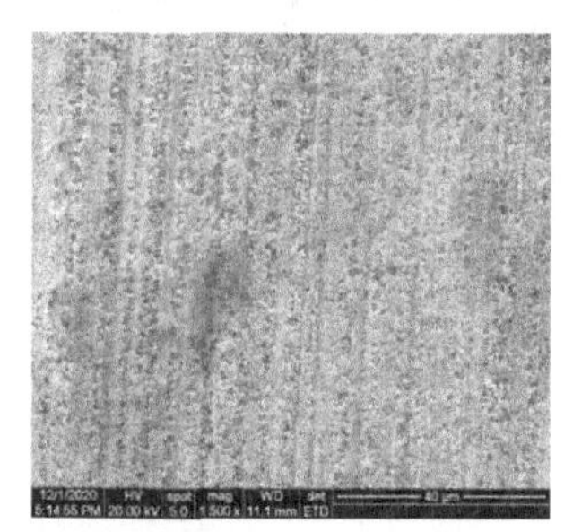

(e) 酸处理10s，碱处理25min

图 6-2　酸碱处理硬质合金表面形貌

李勇峰课题组通过对硬质合金表面进行酸碱处理，其表面粗糙度发生了明显的变化。图 6-2 为酸碱处理硬质合金表面形貌。图 6-2（a）～（c）的三组刀片经过碱处理后表面粗糙度值在逐步增加，颜色加深，这符合酸碱两步法的刻蚀表面特征。而图 6-2（d）的刀片开始加入酸处理刻蚀 Co 元素，表面粗糙度值在降低，颜色也变得较浅。图 6-2（e）中刀片的粗糙度值比未处理稍微高一点，说明强酸的加入极大地影响了粗糙度变化。

6.9.3　空气环境中不同功率刀具织构表面微观形貌分析

和光滑表面相比，非光滑表面能够有效降低摩擦磨损。这种具有一定形貌的非光滑表面被称为织构表面。近年来，织构受到国内外学者的广泛关注，并研究其在各领域的应用，并有学者将织构引入刀具，研究了织构刀具的切削性能。研究结果表明，织构能够有效降低刀-屑界面的摩擦磨损，并提高刀具的抗黏附能力。但是，目前织构刀具的减摩机理尚未明晰，并且织构形式较单一，多为二维槽形织构。针对以上问题，逄明华课题组采用 YT15 刀片作为试验材料，在空气环境中和无水乙醇环境中，采用激光技术制备织构，研究了激光参数对织构形貌、织构参数及织构表面润湿性的影响。

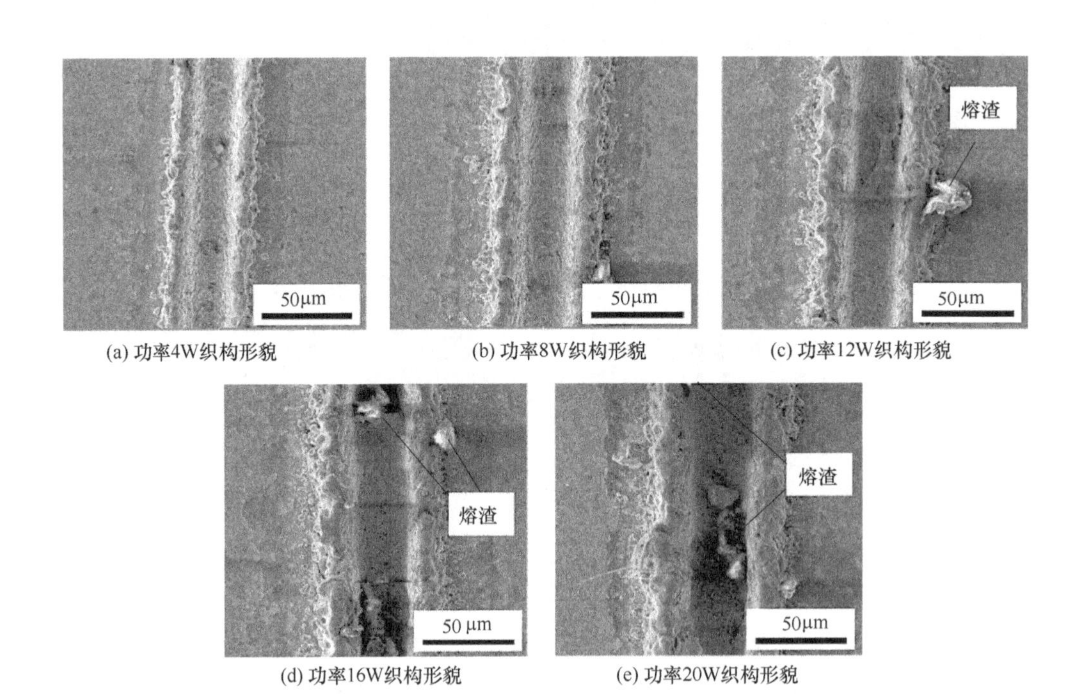

(a) 功率4W织构形貌　(b) 功率8W织构形貌　(c) 功率12W织构形貌

(d) 功率16W织构形貌　(e) 功率20W织构形貌

图 6-3　空气环境中不同功率织构表面形貌

为了研究激光功率对织构形貌的影响，选择扫描速度 110mm/s，扫描次数为 5 次，脉冲频率 20kHz，光斑直径 50μm，激光功率分别为 4W、8W、12W、16W、20W。图 6-3 为空气环境中不同功率织构表面形貌。如图所示，当功率为 4 W 时，织构凹槽清晰并且凹槽边缘重铸层较少。当功率增大到 12W 时，织构槽底质量较好，但是在凹槽边缘出现了少量熔渣。当功率大于 16W 时，织构凹槽内出现少量熔渣，并且凹槽边缘重铸层增大，织构总体质量较好。

6.9.4 自退让固结磨粒抛光垫表面微观形貌分析

化学机械抛光（CMP）技术是实现衬底材料表面全局平坦化最实用最有效的技术之一，目前传统的加工方法是游离磨粒化学机械研磨和抛光，使用传统化学机械抛光技术加工中存在耗材成本高、废液处理对环境的危害性大等缺点。固结磨粒化学机械抛光（FA-CMP）技术的发展来源于传统的 CMP 技术，该平坦化技术因工艺可控性强、加工成本低、环保无害等优点有望取代传统的化学机械抛光技术，但游离磨粒和固结磨粒抛光技术中都存在加工后表面划痕不一致等缺陷。苏建修课题组设计和组装了一种新型自退让固结磨粒抛光垫，这为工件在固结磨粒化学机械抛光方向提供理论与技术参考依据。

自退让固结磨粒抛光垫制备过程中，由于光固化技术受到固化厚度的影响，所以采用直接固化和分层固化两种固化工艺进行固化。直接固化采用一次固化成型的方法制备抛光垫，采用预聚物浇注在模具中，通过调整光固化时间和固化距离制备出抛光垫；分层固化工艺优势在于可不受固化厚度的限制，预聚物经过多次浇注反复固化制备出任意厚度的抛光垫。在制备过程中，磨粒的含量对制备出的抛光垫同样是重要的影响参数，以直接固化工艺研究抛光垫固化工艺参数对抛光垫性能的影响。

图 6-4 为不同时间光固化后抛光垫的表面形貌图。从图（a）和图（a′）中可以看出抛光垫表面气孔极少，在截面形貌中有类似于聚氨酯抛光垫的表面形貌，但是分布不均匀，并且孔隙数量少，那么会出现在进行溶胀试验时，水分子进入抛光垫内部的阻力增加，随之出现的也就是杨氏模量的增大。图（b）和图（b′）中，表面有微孔存在，并且截面上孔隙多而均匀，没有大的孔洞出现，水分子进入表面的阻力变小，溶胀率升高，杨氏模量下降。随着时间的继续增加，图（c）和图（c′）中出现数量较多的孔洞，并且有开裂的趋势。图（d）和图（d′）中表面出现裂纹，截面中出现大孔隙并且伴随着固化不均匀现象出现，表面能过大，水分子进入难度增加的同时，抗拉强度变大，杨氏模量上升。

通过图 6-4 截面形貌可以看到，相同的基体材料，在不同固化时间的影响下，抛光垫内部产生孔隙的数量和分布情况也是不相同的，杨氏模量的增加，说明在固化过程中发生交联反应更加充分，通过抛光垫则可表现为气孔数量变少，并且气孔的分布变得不均匀，出现固化不均匀现象，并且在杨氏模量不断升高过程中，因磨粒对工件进行划擦，抛光垫对磨粒的把持力大，抛光垫的磨损率会增大。

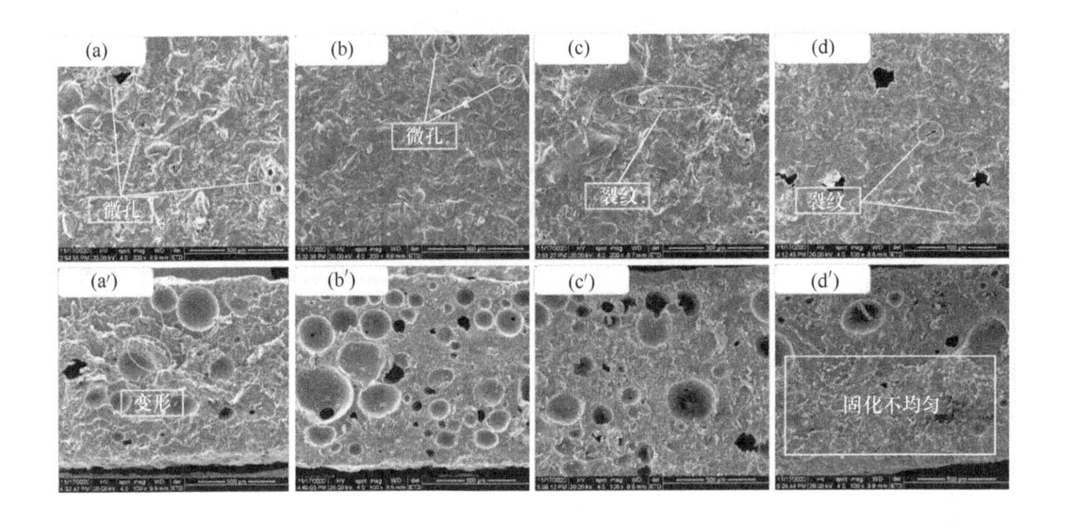

图 6-4　不同时间光固化后抛光垫的 SEM 图：(a) 和 (a′)、(b) 和 (b′)、(c) 和 (c′)、(d) 和 (d′) 分别为 150s、180s、210s、240s 时表面和截面形貌

思考题

① 普通扫描电镜测试对样品的基本要求是什么？

② 按电子枪源分，扫描电子显微镜分为哪几类，各有什么优缺点？

③ 扫描电子显微镜由哪四个部分组成？每个部分的功能是什么？

④ 对比光学显微镜和透射电子显微镜，扫描电子显微镜具有什么优势和劣势？

⑤ 陶瓷粉末样品进行扫描电子显微镜测试时，制样有哪些注意事项？

⑥ 分析金属样品的晶粒尺寸与第二相分布时，样品需要如何处理？

⑦ 从扫描电子显微镜获取的各种信息分别通过什么信号获得？

⑧ X 射线能谱仪由哪些部分组成？电子陷阱的功能是什么？

⑨ 扫描电子显微镜的工作电压、工作距离、束斑尺寸的含义是什么？各自对扫描电子显微镜的成像和分辨率有什么影响？

⑩ 为什么不能使用场发射电子显微镜对磁性样品进行能谱分析或高分辨图像分析？

参考文献

［1］ 陈木子，高伟建，张勇，等. 浅谈扫描电子显微镜的结构及维护［J］. 分析仪器，2013（4）：91-93.

［2］ 凌妍，钟娇丽，唐晓山，等. 扫描电子显微镜的工作原理及应用［J］. 山东化工，2017（47）：78-83.

［3］ 王醒东，张立永，夏芳敏，等. 电子显微镜样品的制备技术［J］. 广州化工，2013，41（1）：46-47.

［4］ 武开业. 扫描电子显微镜原理及特点［J］. 科技信息，2010（29）：107.

［5］ 张亚标. Ni-P-PTFE 复合涂层化学沉积工艺及性能研究［D］. 新乡：河南科技学院，2021.

［6］ 李石才. 硬质合金表面镍-金刚石涂层的电化学沉积工艺及性能研究［D］. 新乡：河南科技学院，2021.

［7］ 刘海旭. 自退让性固结磨粒抛光垫的研制［D］. 新乡：河南科技学院，2021.

［8］ 李坤. 空气/无水乙醇中织构刀具制备及切削性能研究［D］. 新乡：河南科技学院，2021.